スウェーデンで家具職人になる！

目　　　次

はじめに ……………………………………………………………………	6
2つの学校 …………………………………………………………………	8
職人試験について …………………………………………………………	10
自己紹介 ……………………………………………………………………	12

第1部　カペラゴーデン

サマーコースに参加 ………………………………………………………	14
カペラゴーデンの魅力にふれる …………………………………………	17
入学願書を出す ……………………………………………………………	19
試験結果 ……………………………………………………………………	20
ビザ申請 ……………………………………………………………………	21
スウェーデンへ ……………………………………………………………	22
生木の加工から学べること ………………………………………………	23
ロウソク立て ………………………………………………………………	26
プロトタイプを作る ………………………………………………………	27

完成までの紆余曲折 ………………………………………………………… 30

　🇸🇪 カペラゴーデンの朝礼 …………………………………………… 32

木工旋盤の特別講義 …………………………………………………………… 33

綺麗な光 ………………………………………………………………………… 34

裁縫箱 Sybord …………………………………………………………………… 36

メルセデス・バス ……………………………………………………………… 40

CAD でベンチをデザインする ………………………………………………… 43

初めての椅子製作 ……………………………………………………………… 46

職人試験受験へ向けて ………………………………………………………… 51

　🇸🇪 カペラゴーデンの名前の由来 …………………………………… 53

子供家具 ………………………………………………………………………… 55

急ブレーキ ……………………………………………………………………… 56

テレビ番組の撮影 ……………………………………………………………… 58

戸棚完成へ ……………………………………………………………………… 62

目指すもの ……………………………………………………… 65

椅子の生地張り実習 ……………………………………………… 70

工業デザイン手法についての実習 ……………………………… 71

家具の設計製図 …………………………………………………… 74

椅子 1917 の製作 ………………………………………………… 78

職人試験の流れ …………………………………………………… 80

職人試験の採点現場を見学 ……………………………………… 82

マルムステン CTD へ出願 ……………………………………… 85

マルムステン CTD 受験 ………………………………………… 88

ベビーベッド ……………………………………………………… 91

第 2 部　モユル出産

スウェーデンで初めての診察 …………………………………… 94

助産婦さんと対面 ………………………………………………… 95

心音を聴く ………………………………………………………… 97

超音波検診を受ける ……………………………………………… 98

スウェーデンの両親学級 ………………………………………… 98

出産室見学 ………………………………………………………… 101

スウェーデンでの出産 …………………………………………… 102

出産後、3 日間入院 ……………………………………………… 106

親子 3 人での生活が始まる ……………………………………… 108

✚　よくある質問 ·· 111

第3部　マルムステン CTD
マルムステン校での日々が始まる ·· 113

最初の課題 ·· 115

マルムステンの机 ·· 117

機械との知恵比べ ·· 120

ソファーテーブル BERG が完成する ······································· 124

無垢材のみの家具 ·· 131

美術実習 ··· 135

表現手法 ··· 137

さまざまな木工技術と知識 ··· 142

椅子の製作 ·· 148

プロダクト課題 ·· 152

ミラノサローネ 2005 ·· 155

戸棚 LAGOM ·· 159

8 週間の研修 ·· 164

職人試験　- 図面課程 - ·· 166

職人試験　- 製作課程 - ·· 171

資格授与式 ·· 188

おわりに ··· 191

はじめに

「家具職人」
　この言葉に皆さんはどのようなイメージを思い浮かべますか。寡黙な職人の世界でしょうか。
「海外留学」
　ではこの言葉はどうでしょう。現在ではポピュラーになっている勉学スタイルですよね。
「海外育児」
　海外での育児はどう思いますか。家族と共に外国に住むのなら避けられないことでしょう。
　僕は北欧の国、スウェーデンで家具の勉強をしてきました。日本とは異なる文化圏で家具製作を学び、必然的に家具職人の資格を目標に据えることになりました。しかし、なかなか事はうまく進みません。素晴らしい出来事もあれば、つらかったこと、苦労したことなど様々です。スウェーデンでパパになるこ

とも、留学当初には想像だにしないことでした。しかしいまでは、それらすべてが非常に貴重な経験だったと考えられるようになりました。そしてまた僕の体験を多くの方に知っていただきたいとも思います。

　スウェーデンでの出来事を紹介するウェブサイトを通して、これまでの体験をインターネット上に公開してきました。ちょうど最初にスウェーデンに渡航した時期は、インターネットが一般的になってきた頃と重なっていて、当初は両親や友人知人への日々の報告くらいだったのですが、少しずつ訪問者が増えるようになりました。家具関連の仕事をされている方もいらっしゃれば、スウェーデンに興味のある方、海外での生活を知りたい方など本当に多くの方にご覧頂けるようになりました。インターネットがあったからこその出来事もたくさんありました。

　そして今度は本書を通して、さらに多くの方に僕の経験をお話しできる機会を得られたことを大変嬉しく思います。

　本書のタイトル、「スウェーデンで家具職人になる！」のとおり、本書は家具製作に興味のある方、家具職人を目指している方、もしくはその仕事に従事している方に向けた技術的・専門的なことが写真を含めてたくさん載っています。興味深い事例もあるはずです。特に秘密もありませんので、図面やテクニックなどもお見せします。疑問に思われることがあれば質問していただいても構いません。

　しかし、それでは他の方には専門的すぎてついてこられないかというと、そんなことはありません。むしろ本書はそのような方にこそ、ご覧頂きたいと思います。

　近年、北欧スカンジナビアの生活スタイルやデザインが人気を集めているのはご存じかと思います。生活水準の高い国や、子育てしやすい国のランキングなどがあれば、北欧諸国は必ずと言っていいほど上位に名が挙がってきます。俗に知られる公共福祉政策の充実が大きな要因だと思います。通信産業や重工業などの分野でも世界屈指の企業（ボルボ、サーブ、エリクソンは特に有名ですよね）を有しています。とはいっても、伝統技術が疎かにされているわけではなく、ガラス産業や陶芸、家具製造の世界も高い次元で共存しています。日本では残念なが

ら、これらの分野は最新技術の著しい進歩に押され気味で、縮小もしくは存在感が減っていく一方です。

　日本の総人口の10分の1にも満たないスウェーデンがなぜ、ここまで世界とわたりあえ、そして素晴らしい生活環境を保てているのかは大変興味深いことだと思います。おそらく明確な答えは出ないでしょう。しかし、この僕の留学経験を通して、その理由を少しでも垣間見ていただけるかもしれません。

　ちょっとした工作やDIY、園芸、部屋の模様替えなどが好きな方にも、アイデアへのヒントや、豊かな生活（金銭的という意ではありません）をするための考え方を示せると思います。どのような環境からこれらの文化が生まれてきたかの一端を本書から読み取っていただけたら大変嬉しく思います。

　そしてもう一つ。本書では家具製作の学校を紹介していきますが、そこは単に技術を学ぶだけの場ではないということを知っていただきたいと思います。これらの学校には芸術家として自立できるだけの、高いレベルの知識と技術を学べる充実した環境が整っています。それだけの事を学べる場、そして、教えることのできる学校は日本には皆無と言っても過言ではありません。スウェーデンの確立した職業教育システム、これこそが本書を通して一番知っていただきたい内容です。

　「職人資格」は、就職を有利にするために履歴書に列記するものとは根本的に違います。筆記試験を受ければ取得できるような簡単なものでもありません。その職を一生の仕事とするくらいの覚悟を持って目指す資格ですし、そうでないと取得は難しいでしょう。

　そのような世界へ僕は飛び込んでいきました。

2つの学校

　スウェーデンの近代家具デザインの巨匠カール・マルムステンが創立し、ヨーロッパでも最高レベルの技術教育が確立しているカペラゴーデン（Capellagården）とカール・マルムステン木工技術デザインセンター（Carl Malmsten CTD。現在はスウェーデン国立リンショーピン大学に所属）で、僕は家具の製

作とデザインを学びました。

　1999年の夏にカペラゴーデンのサマーコースに参加しました。滞在中、ここは物作りを学ぶ場として文句のつけようがない最高の環境であることを実感し、スウェーデンで本格的に家具作りを学びたいと考えるようになりました。

　カペラゴーデンは1957年にカール・マルムステンが、生活や社会での基盤となる「物作り」の聖域を作りたいと考え、創立した学校です。木工・家具デザイン科、テキスタイル（織物、プリント、染色）科、陶芸科と園芸（有機栽培によるガーデニング）科の4つのコースを有し、約60人の若者が学んでいます。学生は基本的に校内の寮で生活し、生活に必要な物を自分たちで作り、使用します。自由な校風の中で3年間生活し、工業的な大量生産とは異なる、芸術・工芸としての物作りの場とは何かを知ることができました。

　在籍中にスウェーデンの家具職人試験を受験することが可能だったのですが、まだまだ至らぬところがあり、さらなる勉学を続けるためにカール・マルムステンCTDを受験することにしました。

　カール・マルムステンCTDは1930年に当時のトップデザイナーであったマルムステンがたった4人の学生のみでストックホルムに創立した家具製作の学校です。マルムステンがデザインした家具やデンマーク家具などを、高い品質で製作できる職人を継続して輩出する場として、木工家具の分野で名実ともにスウェーデン最高峰の学校となっています。現在は家具製作科、家具デザイン科、家具修復科、家具生地張り科の4コースを有し、約60人の学生が在籍しています。各科の学生は非常に高いレベルの技術を有し、スウェーデン王室や、ストックホルム市庁舎、美術館などからの依頼（特に修復）も受けるほどです。

　この2校では単に家具製作だけではなく、家具に関するさまざまな知識、技術を学びます。家具史、家具様式、構造、美術知識、クロッキー、英語、デザイン手法、設計製図、プレゼンテーション、経営知識などです。さらにマルムステンCTDでは各課程ごとにテストやレポートが課せられます。

　そして、マルムステンCTDの最後の製作課題として、家具

職人試験を受験しました。後述しますが、職人資格は「一定のレベル以上の仕事ができる」ことを証明するものであり、熟練した技術を示すものではありませんが、スウェーデン留学の集大成として職人試験に挑戦することは僕にとっても大きな目標でした。

　スウェーデンの家具職人試験を受験するためには、受験作品（戸棚、机もしくは他の家具でも構わない）に「製作図面」「引き出し」「手加工による組み手」「扉」「鍵」「蝶番（ちょうつがい、ちょうばん）」「突き板」「下地処理」「塗装処理」などの必須項目が備わっている必要があり、製作に先立ち提出した図面と、完成作品が評価対象となります。スウェーデン最高峰のマルムステン CTD での受験は、合格は当然として、マルムステンの学生として恥ずかしくないだけの内容を要求されました。正直、精神的な重圧はありましたが、ここ以外では絶対に経験できない貴重な時間を過ごせたと思っています。

　本書ではこのように長期（約 8 年）に及んだスウェーデン留学の日々を紹介します。

職人試験について

　まず、スウェーデンの職人試験について説明しましょう。僕の専門である木工の分野を基準にして書いていきますが、他の職種でも概ね同じと思って下さい。

　日本では、ドイツの「マイスター」という言葉が非常に有名ですが、この言葉は間違った使われ方が氾濫しています。本当は、職人、マイスター資格は、日本で思われているように「名人、達人、素晴らしい技術」を持っていることの証明ではありません。職人資格や、マイスター資格は職探しや良い賃金を得るため、そして経営者ならば、顧客を得るための信用となり得ますが、「○○マイスター」「マイスターが作る」という事を一番の宣伝文句としていたとしても、それは高い技術を意味しているとは限らないのです。

　たとえば、ヨーロッパではどこかの工房で働き始めたからといって、「職人になった」とは間違っても言えません。この段階ではまだ「見習い」でしかないからです。そしてこの見習い

（要するに勉強の期間）を終え、十分な実力が付いたと認められれば、「職人」を名乗ることができるようになるのです。

スウェーデンの職人（Gesäll イェセル）資格はドイツの資格と同等で、ヨーロッパのさまざまな国でも実力の証明として通用します。そして「マイスター」はその職人を束ねる親方としてさらに高位の存在であり、経営者としての知識も有していることを示します。

職人および親方資格の原型は、ヨーロッパでは1200年代、スウェーデンでは1300年代に既に存在していたと伝えられています。その後、さまざまな変化を遂げ、スウェーデンでは1940年に王立による近代的な資格となり、95年には独立した機関「スウェーデン工芸委員会」が管轄する資格となりました。ここは他にもさまざまな職業（美容師、テキスタイル、楽器製作、パン作り、時計職人など）の資格を管理しています。

職人資格を得るためには、まずは専門の学校、もしくは働きながらマイスターの元で実習を数年間（職種により少し異なる）積まなければいけません。当然ながら知識の習得も必須です。その後、職人試験を受験（実技が中心です）し、基準を満たすだけの成績を収められると晴れて合格となり、「職人」を名乗ることが許されます。このことからわかるように、あくまでも職人資格は人並みの仕事ができるんだよという証明でしかないわけです。

そして、スウェーデンのマイスター資格を得るためには、さらに6年以上の実地経験と会社経営のための知識（簿記など）が必要になってきます。ドイツでは職種によっては、自分の工房や店を興すためにはマイスター資格が必須要項（スウェーデンではそうではありません）となっていますので独立したい者にとっては死活問題です。よって、マイスター資格とは「独立して職業を営むために必要な知識を持ち、当該職種での職人としての実務経験を積んでいる者」を証明するものなのです。

マイスターになるだけでも10年近い歳月が必要なことがおわかり頂けたでしょうか。その職の世界で生きていく覚悟がなければやっていけません。そして良い物を作り続けるためには、資格取得で満足するのではなく、向上心を持って進んでいかなければなりません。どの分野でも同じことですよね。

自己紹介

まだ自己紹介をしていませんでした。

名前は須藤生（ストウイクル）、現在はスウェーデンの首都ストックホルムに妻、小さな子供二人と一緒に住んでいて、国立大学の一学部であるマルムステンCTDという学校で家具製作を学んでいます。勉強をしながら子育ても!?というご質問もあるかと思いますが、このことについても、少しずつ本書で触れていく予定です。

僕はドイツ南部の小さな街リンダウ（Lindau）で生まれました。オーストリアとスイス国境に接する風光明媚な場所です。なぜ、こんな場所に？と思われるのが普通ですよね。

僕の父は楽器製造を生業としています。教会や音楽ホールにあるパイプオルガンです。ドイツでオルガン製作を学び、マイスター資格の取得を目指して、職人としての経験を積んでいる最中でした。僕が2歳になるちょっと前くらいに資格を取得し、工房設立のために日本へ帰ってきました。

僕は小さい頃から手を使う工作が好きだったのですが、本格的な勉強をしたわけでもなく趣味程度のものでした。転機と言えそうな時期を探してみると、大学生の時（機械工学科で学んでいましたので、現在とは随分と違うことをやっていました）でしょうか。当時、お気に入りのペンを収納する筆箱が欲しかったのですが、街をどれだけ探しても（当然ながら東急ハンズや、銀座伊東屋にも足を運びました）、欲しい物が見つかりませんでした。

そこで作ってしまおうと思ったわけです。試行錯誤しつつ、何種類かの筆箱を作り上げました。この過程で、木工に魅力を感じ始めたようで、机や戸棚を作ってみたりもしました。そうこうするうちに、友人宅から注文を頂けたりもするようになってきました。

通常、家具作りをしてみたいと思ったら何から始めると思いますか？やはり、最初は指南書を探し、手道具を購入することになるでしょう。次に必要なのは材料の木。どこで手に入れるのかから悩むことになります。作業を効率良く進めるために

は、機械も必要ですし、ある程度の広さがある作業場が欲しくなります。それ以前に、学ぶ場所、もしくは雇ってもらえる工房を探さねばなりません。木工を始めるには多くの困難が伴います。

　しかし、この点では僕は非常に恵まれていました。反則だと言われそうな最高の環境からスタートできたからです。先述のとおり父はパイプオルガン職人。一般的にはオルガン製作というと、音楽の世界を思い浮かべますが、オルガン製作の99パーセントは工作の世界なんです。極端に言えば、オルガンは複雑な仕掛けが施された、大きな家具と表現できるでしょう。

　木工に必要な道具は一通りと言うには十分なほど（オルガンは部品点数が多く、サイズが大きくなるので、道具も必然的に多くなる）揃っていますし、機械設備も整い、材料も山のようにあり、かつ木の扱いを教えてくれる父がいました。こんな中で好きなことに挑戦できたのは本当に良い経験でした。

　木で物を作ることに魅力を感じ、大学卒業後に就職することもなく、木工をやっていきたいと志したまでは良かったのですが、やはり専門の知識が必要だと感じるようになりました。

　そんな中、スウェーデンに良い学校があるらしいという噂が耳に入ってきたのです。

第1部　カペラゴーデン

サマーコースに参加

　1999年の夏、カペラゴーデンという学校のサマーコースに参加するため、その国の存在は知っていてもそれ以上はほとんど何も知らない北欧の国、スウェーデンに行ってみることになりました。
　スウェーデンでは、夏休み中にサマーコースを開催している学校が多くあります。スウェーデン語などの語学から、造船（バイキング様式の船を造り、航海もするそうです！）、ガラス吹きまで、実に多様なコースが用意されています。僕が参加したカペラゴーデンでも開校時からサマーコースを開催しており、時にはスウェーデン国王が見学しに現れることもある（王室の別荘が近い）ほど定着しています。
　カペラゴーデンはカール・マルムステン（Carl Malmsten）という、スウェーデンの家具デザイナーが創立した工芸校で

す。日本でイメージする一般的な学校とは大きく異なり、学生たちは校内の寮で共同生活をし、その生活を通して創作活動を行ないます。学校の周囲には自然が溢れ、優秀な学生たちがたくさん在籍しています。新たなインスピレーション（創作への刺激）を受けるには最高に整った環境でしょう。

　カペラゴーデンのサマーコースは、そんな普段の学生生活を実体験でき、スウェーデンの最高の季節を、最高の場所で楽しむことができるのです。

　年によって変わりますが、6月前半から8月後半までのスウェーデンの長い夏休み期間中に、2週間のサマーコースが2、3回あり、年明けくらいから参加者募集が始まります。サマーコースとはいえ、基本的な理念、授業の進め方、一日の流れは本科と同じです。僕もそうでしたが、このサマーコースを体験して本科への入学を考え始める者もいます。

　各コースとも、それぞれ10人前後で1クラスになるのですが、カペラゴーデンのユニークな方針の一つとして、参加者をさまざまな年齢層、出身、経験の者から選ぶということが挙げられます。老若男女さまざま、まったくの初心者もいれば、家具製作の現場で普段から働いている人、まったく違う職を持つ人もいます。要するに自分と同じような人がいないのです。

　自分とは違う知識、経験、考えを持っている者が周りにいることは、とても良い刺激になります。

　参加者は本科の学生と同じように校内に宿泊し、食事をしながら日々、創作活動に勤しみます。学生寮は古い農家を改装した建物で、部屋ごとに家具が用意されていますが、その多くはこの学校内で作られた物でした。さらに床にあるマットはテキスタイル科の学生が織った物だし、キッチンのコップは陶芸科の学生の作品です。

　期間中の食事は、3食ともカペラゴーデンの食堂でとることができ、園芸科の畑から採れた食材を含め、さまざまな料理が振る舞われます。さらにはベジタリアン向けの料理も提供され、アレルギーなどの問題がある場合は、それを考慮した料理も用意してもらえます（たとえ一人だけでも）。もう至れり尽くせりです。

　期間中のスウェーデンは夏のバカンスシーズンまっただ中な

のですが、日曜日や暑い日には、作業中でも連れ立って近くの海へ泳ぎに行くことも。実際、サマーコースの参加要項には、水着を忘れないように！との記述がありました（笑）。
　サマーコース中の一日の流れはこのような感じです。

　　7時30分　　朝食
　　8時　　　　朝礼
　　午前中の作業
　　12時　　　　ランチ
　　午後の作業
　　17時　　　　夕食

　僕が参加した年には、木工、テキスタイル、陶芸の3つのコースがありました。3週間の期間中（当時は少し期間が長かった）、小さな課題がいくつか与えられます。森の中で作業をする日もあれば、工房内でナイフを使って木の加工をしたりと、さまざまなことを学び、作ります。さらに数日ごとに各コースの参加者混合での、絵のクラスも設けられていました（現在は実施されていないようです）。
　日中の作業時間に講義が行なわれたりもしますが、基本的には物を作る時間が中心となっています。物作りを通して学ぶという、カペラゴーデンの考え方、そして技術教育の基本に則しています。技術書を読んでからではなく、まず体で感じ取ることから始まります。
　夕食後も作業を続けることができますし、疲れたら芝生の上でのんびりと本を読みながら休憩も良いでしょう。各々のペースで作業を進めます。
　各コースの講師には、カペラゴーデンの本科の先生や、芸術家など豊富な経験を持った人材が揃っています。普段の講義は基本的にスウェーデン語で行なわれます（最近は日本人が多いこともあり、英語を使う機会が増えていると聞いています）。日本からの学生にとってはつらい時間でもあるのですが、スウェーデン人はほぼ確実に英語を話せますので、質問すれば何でも教えてくれることでしょう。旅費なども含めると費用は決して安くはありませんが、ここでの経験は、お金にはかえられ

ない素晴らしいものです。

　と、説明してきましたが、僕がサマーコースに申し込んだときにはそんなことは何ひとつ知りませんでした。いま考えてみるとなかなか無謀ですね。

　日本からの長旅の後、現地に到着したのは、サマーコースが始まる前日。最寄りの駅から30分以上バスに乗り、周囲はさみしくなり、本当にこんな場所なのかと心配になってきた頃に到着しました。そこはド田舎と言っても差し支えないくらい何もない場所。

　参加者は到着した日から、校内にある学生寮に住みながら生活を共にします。案内された僕の部屋は、イメージしていた学生寮とはまったくの別物。ベッド、机と戸棚だけがある簡素で素朴な部屋でした。

　いよいよ、異国の地での初生活が始まりました。

カペラゴーデンの魅力にふれる

　サマーコース初日は各コース混合で、いくつかのグループに分かれての初課題が与えられました。テーマは「周囲にある物を使って、小さな世界を表現する」というようなものでした。参加者同士の親睦を図るという狙いもあるのでしょうが、いきなり抽象的な課題なので少々混乱しました。緊張からなのか、あまり記憶に残っていないのですが、海へ行って小石を拾ったり、木や草を集めたりしたような気がします。長距離の移動をして、慣れない外国の地で、まったく知らない言葉の中にいたらそれは緊張しますよね。

　翌日から各コースが本格的にスタートしました。僕が参加した木工のコースではいきなり車に乗って、近場の森へ出かけました。生きている木を鋸で切るのは、実はこの時が初めてでした。皮を剥ぐと、すぐそこから水を豊富に含んだ木肌が現れます。いままで、木は堅いものというイメージを持っていましたが、水を含んだ木は驚くほど柔らかく、さらには鋸の切断面から水が溢れるように染み出てきます。柔らかいので、刃物を使って簡単に加工できることにも驚きました。新鮮な経験でした。

期間中（3週間）の製作課題は3つ。

　　1．この生の木を使って椅子を作る。
　　2．スプーン、お玉を作る。
　　3．お盆を作る。

それほど難しそうな課題には感じませんが、手道具のみという条件を加えると状況は一変します。一応、大ざっぱに材料を切るためにバンドソー（帯鋸。鋸のお化けみたいな物）だけは使用が許可されましたが、ほぼすべてが手加工になります。

校内にある手道具を自由に使うこともできました。これまで見たことがないヨーロッパの刃物がたくさんあって、その中でも特に曲面を加工する刃物などは興味深かったです。曲率に合わせて使い分けられるように、刃の傾き、大きさが違う物が揃っていました。

カペラゴーデンの特徴として、本人がやりたいことを実現できるようにサポートしてくれる点が挙げられます。先ほどのテーマにある「椅子」を例にとると、普通に考えれば一般的な椅子の形状になるのでしょうが、解釈によってはまったく違う物にもなるんです。固定観念にとらわれがちだった僕には、これまでに発想したことのない斬新な考えに触れて驚くことが幾度もありました。

サマーコースの期間中、本科のコースは夏休みなのですが、園芸科だけはむしろいまがシーズンです。朝一番の水撒きから始まって、校内の手入れ、たくさん訪れる観光客向けにカフェを開いたりと、見るからに忙しそうでした。畑には野菜（学生の食事になる）や、イチゴ（ケーキになります）が実り、校内には花が咲き乱れ、ハーブ園からはむせかえりそうなくらいの芳香が漂ってきます。これだけでも、この場所が非常に恵まれた環境だとわかります。夏は、ちょっとした観光スポットと言ってもいいくらい、多くの人が訪れてきます。

朝食後、朝礼があるのですが、園芸科主催だったり、画家の先生が即興で絵を描いたり、他のコースが担当したりとさまざまで面白かったです。その中でも最高だったのは、野イチゴを摘みに行った朝でしょうか。靴が泥だらけになりましたが、そ

れがお昼のデザートとしてケーキになって出てくるんです。しかも実質、食べ放題。どんどん食べないと傷んでしまうくらいたくさんあるんです（笑）。

　天気の良い日（ほぼ毎日）には、庭で食事をしたり、椅子を持ち出して日に当たりながら作業をしたりすることもできました。ナイフで木をひたすら削るような作業（要するに単調で飽きやすい）では、木陰で作業するとずっと心が安まります。鳥のさえずりを聴きながらなんて、とても贅沢な時間ですよね。

　そして、近所にあるカペラゴーデンの展示場では、本科の学生たちの作品展示会が行なわれています。ここで初めて僕はカペラゴーデンの本当の実力を実感しました。難易度の高さもさることながら、美しさを兼ね備えていました。この素晴らしい環境の中、テキスタイル、陶芸作品と共に並んでいる家具たちは、それだけでも輝いて見えたのです。

　これから参加する方のためにも核心には触れませんが、サマーコースの流れ・内容を簡単に紹介してみました。

　当時の僕にとっては木を切りに森に行くことから、手道具中心での加工、言葉の壁まですべてが初めての経験ばかりで、とにかく大変でした。しかし、この3週間でたくさんのことを感じ、知ったことで、スウェーデン、そしてカペラゴーデンに大きな魅力を感じました。

　家具作りを勉強するには最高の場所だなと。

入学願書を出す

　これまで学問として、しっかりと木工を学んだことがなかった僕にとって、カペラゴーデンの生活環境は非常に魅力的でした。サマーコースの後、日本へ帰国してからもずっと気になっていました。あれを見てしまったら、こうなるのは必然だったのでしょう。

　ヨーロッパの新学年は夏休み明けの8月後半から始まるので、入学願書の提出締め切りは春。まずはこれまでに製作した物をまとめた作品集を作ることにしました。ファイルに写真を並べるだけでも十分だったはずですが、少し違うことをしてみようと思い、和紙を使って和綴じの作品集を作りました。作り

方をまったく知らなかったので、鎌倉の老舗和紙屋さんへ出向いて、和紙の扱い方から、綴じ方までを教わりました。これで、少しはアピール度がアップするかな？と期待しながら……。

　まだ冬の寒さが残る3月（いや、まだまだ冬でした）にカペラゴーデンを再び訪れました。今度の目的は、本科の見学と、先生との面接でした。半年前とは異なる志を持って、やって来たわけです。サマーコースとは雰囲気の違う校内の様子を見学し、カペラゴーデンという学校への理解と関心が深まりました。滞在中に日本人学生主催の寿司パーティがあり、僕も手伝ったのですが、そこで面白かったのは、ガリが人気だったこと。山盛りにする人もいるほどでした。逆に納豆は極めて不人気でした（笑）。

　滞在最終日に木工科の担当教官に時間をあけてもらい、話をすることになりました。先生は二人のスウェーデン人。どんなことを聞かれるのか？うまく考えを伝えられるかな？と、いろいろと不安はありましたが、運命（大袈裟ですね）の面接時間がやって来ました。

　志願理由など何を話したかは、よく覚えていないのですが、まあ無難なことを言ったと思います。それよりも、提出した作品集をろくに見てくれなかったことだけが強く印象に残っています。作品集を見て、質問されるのだろうと予想していたのですが、実際は軽く目を通す程度で、机上にポンッと置かれてしまいました。

　そして、この学校をどこで知ったの？どんなところが良いと思う？など、だいたい予想していた質問が続いたのですが、その後の問いには驚きました。
「では、この学校の悪い点はなんだと思う？」
　予想もしなかった質問でした。

試験結果

　入学希望の面接から帰国した後、大急ぎで願書を書き上げて投函。正直なところ、合格できたらラッキーだなと考えていたので気楽でした。僕が志望した木工科は3学年すべてを合わせ

ても15人くらいという小さな所帯で、他にも志望者が多いと聞いていましたので、狭き門だと覚悟していました。さらに、その時点で既に1年生と3年生に日本人が在籍していて、連続で日本人が入学したことはいままではありませんでした。

合格もしくは、不合格だったらどうするかを特に考えずに春になりました。5月初めには通知が届くと聞いていたのですが、まったく音沙汰もないのでダメだったのかな、と思い始めていたある日、薄い封書が届きました。

緊張しつつも開封し、一枚の紙を取り出して内容を確認。しかし、英単語がいまひとつわからず、すぐには内容を理解できませんでした（笑）。もう一度、落ち着いて読んでみると、「あなたをカペラゴーデンに受け入れます」の一文があったのです。

合格しました。

ビザ申請

海外生活を反対されるという話をよく聞きますが、幸いなことに、僕の両親は合格を喜び、スウェーデンへ行くことを快く了承してくれました。両親が若い頃に、やはりドイツへ行っていたことも理解してくれた一因でしょうか。

と、喜んでいたのもつかの間、よくよく通知を読んでみると前期分の授業料納付期限が、この手紙を受け取った前日だったのです。翌日ではなくて、「前日」です（笑）。大急ぎでカペラゴーデンへ連絡し、すぐに振り込み手続きをしました。どこでも海外送金をできるわけではないので大変でした。

次に必要なことはビザの取得。スウェーデン（正確にはEU諸国内）に3カ月以上の長期滞在をするためには、滞在許可（ビザ）が必須です。東京にあるスウェーデン大使館へ連絡し、申請書を受け取りに行きました。英語の申請書と詳しい説明書（英語）が付属していました。家族構成や、申請理由など随分と事細かに記入項目があり、辞書を見ながら2、3日かけて書き上げました。

再び、大使館へ出向き、その場で申請書の内容と必要書類のチェックを受けた後、パスポートと共に提出しました。ビザを受け取るまでに最高2カ月くらいはかかる可能性があると聞

き、気長に待つことにしました。しかし、なんとたった2週間で、無事にビザが発給されました。かなり待たされたという話をよく聞くので、短期間で入手できたのは本当に幸運でした。

カペラゴーデンの新学期スタートまで、2カ月もある夏の初めでした。

スウェーデンへ

カペラゴーデンへの入学が決まり、ビザの取得も無事に済み、あとは出発に備えて荷造りを始めることにしました。これからの生活を考えると心配なことがたくさんありました。

サマーコースに行ってわかっていた懸念項目として、特に買い物のしづらさが挙げられました。

○ **買い物をしようにも学校から歩ける距離には何もない**

自転車があればまだしも、歩いて行くとなると気が滅入ります。しかも歩道がない幹線道路を通るしかないのです。真横を時速100キロ近い車が通りすぎることを考えるとゾッとしますよね。

○ **バスの時間は多くても1時間に1本**

朝夕の通勤時間帯だと1時間に1本くらいはバスが来るのですが、乗り遅れようものなら大変です。

というように、あまり芳しくないことばかりでした。どんなに素早く買い物をしても、帰ってくるまでに少なくとも2時間半はかかってしまいます。そこで考えたのが、しばらくは買い出しに行けなくても困らないようにすることでした。そのために郵送で送った荷物の中には大容量のシャンプーとリンス、液体歯磨きまで含まれていました。いまでは笑って思い出せることですが、この時は必死だったんです（笑）。

荷物の中で最重要品である木工道具は航空便で送りました。逆に油断したのが服。まだ夏だし、寒くなる前には到着するだろうと考え、船便で送ったのですが、やっと届いた頃（10月）には、スウェーデンはもう随分と寒くなっていました。到着を

待ちきれず、いくつか服を購入する羽目になりました。

　コンピュータは手荷物で持って行くこととし、辞書などの重い書籍は小包で送りました。それでもスウェーデン出発日の荷物はかなりの大きさになってしまいました。かなりの長旅（実質、丸一日以上かかりました）の後、カペラゴーデンに到着した時には、疲れ切っていました。

　到着日は始業式の数日前だったこともあり、校内はとても静かでしたが、一年前と同じく、やっぱり綺麗な場所でした。僕が住むことになった学生寮は、2部屋とキッチン、トイレ、シャワールームのある小さな家でした。他の寮は6、7人が住める大きな建物なのですが、静かな所が良いと希望していた僕には、この部屋が割り当てられたようです。

　それぞれの寮には通称がついているのですが、僕の住んでいた家は「古い小屋」という名前でした。近くには「新しい小屋」も建っているんですよ。

生木の加工から学べること

　2000年の8月にカペラゴーデンの木工科（正式な名称は木工・家具デザイン科）へ入学しました。初日は始業式の後、各科に分かれて自己紹介。木工科では、夏の間に何をしていたかなどを、各々が述べました。その年の新入生は全部で7人。サマーコースの章で説明した通り、建築を志す者、椅子の生地張りの経験を持った者など、さまざまな経歴、出身の者が選ばれていました。木工経験の多さだけが入学判断基準ではないと再認識しました。

　数日後に最初の課題が発表されました。まだ切り倒されてから間もない、水を大量に含んでいる木を使って、刃物だけでお盆やお玉を作るというものでした。一般的に考えると木は時間をかけてしっかり乾燥させてから加工をする物なのですが、この変わった課題には、生の木の特性、木目の見方、木取りの方法、刃の入れ方などを体験しながら覚えていくという狙いがあったのでしょう。

　僕は極北の地に住む放牧民族ラップ（サーメ）人が、水を飲む時に使うコーサというコップを作ってみることにしました。

生木の加工を始めてまず感じるのは、木がとても柔らかいこと。水を大量に含んでいるために刃物が簡単に入り、サクサクと加工が進みます。ここでは曲面加工用のスイス製ナイフが非常に使いやすい印象を受けました。

製作工程としては、まず内側を仕上げてから外側を加工していきます。もちろん先に外側を仕上げることもできますが、後々の効率を考えるとあまり得策ではありません。内側の大きさはコップ一杯分と同じくらいになるように、実際のコップの水を入れて穴の大きさを確認しながら調節していきます。外側はある程度まで大まかに取り、最終的にはナイフで形状を整えていきます。

加工が進んで肉厚が薄くなってくると、生の木であるがゆえの乾燥との戦いが始まります。俗に「木が動く」と表現しますが、木は熱や湿度の上下によって大きく変化（変形）します。普通に卓上に置いて乾かしてしまうと木が急速に縮み、割れてしまいます。

2、3日の間に集中して作り上げるのですが、作業中、乾燥を抑えるためにはいくつかの方法があります。加工があまり進んでいない段階では、材料の木口面に木工ボンドを塗り、紙を貼ってしまう方法が有効です。乾燥は木口面からが大部分なので、これだけでも水分の消失をかなり防ぐことができます。

ふかしたジャガイモを全面に擦り込む方法もあります。乾くと固い膜になり乾燥を防ぎます。ただし、次の作業を始める時などには、それを剥がさなければいけないので少し大変です。

密閉したビニール袋の中へ入れる方法も手軽です。袋内は高い湿度に保たれるので急激な乾燥を防ぐことができます。

バケツ内の水に沈めておくこともできます。これならば加工中に乾いてきても、再び水に浸けることで湿らせることができます。とても手軽なので、僕はこの方法をよく選んでいます。ただ、灰汁（あく）が出るのか、表面がヌルヌルします。

加工中は刃を入れるだけで木の中の水分がジワッと染み出てくるほどですが、完成後は逆にうまく乾燥させる工夫が必要です。時間はかかりますが、細かい木の削りかすや大鋸屑（おがくず）の中へ入れておきます。こうすることによって周りの木屑が湿気をゆっくりと吸い、放出してくれます。この状態で数

日かけて乾かすと、少し形は歪みますが、割れることもなく、しっかりと乾燥し、安定します。サンドペーパー等でナイフの跡を磨いたり、塗装したりしたい場合はこの後に加工をします。逆に手で加工をした証拠になるナイフの刃跡をそのまま残すのも綺麗です。

　教科書を読んで学ぶのではなく、製作をしながら常に自分で考え、判断していく「作ることを通して学ぶ」というカペラゴーデンの特徴がこの課題からも垣間見られます。これは陶芸科、テキスタイル科、園芸科にも共通しています。学生本人の求めることが第一で、教師たちは「なぜ、そうするの？」「いま、どう考えているの？」「どうするんだ？」「どう考えだした？」というような、学生の創造性を邪魔する質問は極力避けているようです。もちろん、疑問に思うことがあれば、先生に質問をし、それに対する適切なアドバイスをもらうことができます。それらの中で得た知識を、今後の糧にしていくこと、それは物作りとしては非常に大事なことでしょう。

　この課題では木の基本的な性質を学ぶことができ、ちょっとした木目の見極め方次第で、完成時の美しさが決まってしまうことも知りました。

ロウソク立て

　機械に頼らず、手加工で製作することを、カペラゴーデンではまず最初に学びます。前項では生の木での小課題を紹介しましたが、今度は大きな製作テーマが課せられました。

　　課題名：教会で使う床置きの燭台（ロウソク立て）
　　材料：パイン（松）材のみ。
　　機械：バンドソーと、ボール盤（穴掘り機）のみ。
　　デザイン：教会の神聖な雰囲気に合うこと。

　製作スケジュールはこのようになっていました。

　　1週間後　アイデア発表
　　1カ月後　試作完了
　　2カ月後　教会でお披露目

　通常、カペラゴーデンでの課題は、製作している本人が納得がいったその時を完成とする傾向が強いのですが、今回は事前に締め切りが設けられていました。まず、週明けまでに、原寸図と1/10サイズのモデルを用意して、アイデアを発表することとなっていたので、僕は自室へ戻っていろいろと考えてみることにしました。
　自室へ戻ったのには別の理由もありました。本当は課題が書かれているプリントをもう一度じっくりと読みたかったから。すべてスウェーデン語で書かれていたので、最初はさっぱりわかりませんでした（笑）。辞書とにらめっこしながら、なんとか内容を確認しました。こればっかりは留学生の宿命ですね。
　適当な紙を出して、デザイン画を描き始めてみました。思いついたイメージをそのまま描くわけですが、発表時にどうやって話すかを考える方が気がかりでした。よくよく考えてみると、このようなアイデア発表を、これまでにした経験がありませんでした。俗に言うプレゼンですね。
　発表当日、講堂となっている図書館に集まりました。一人ず

つ、原寸図と模型を見せながら意見交換をするというスタイル。僕の順番は最後だったので、他の学生の発表を聞いていました。しかし図を見るだけで精一杯、内容はスウェーデン語なのでまったくわかりませんでした。そして頭の中では何を言おうかと混乱していたというのが実情です。もちろんそんな表情は見せませんが（笑）。

　僕の発表では図が中心となりました。下の方から棒が伸び、3本のロウソクを支えるデザインです。教会の入り口、人々を迎える場所に置きたいと話しました。僕は滑らかな表面のロウソク立てにしたいと思っていたのですが、「下部は荒い状態で、上部に行くに従い、滑らかにしていくと良いかもね」と提案を受け、「土の中から手が伸びてきて、ロウソクを支えているように見えるね」という意見もありました。条件でもあった「神聖な雰囲気」にもマッチしたようです。

　しかし、その後の質疑応答が大変。「どうやって作るの？」、「なぜそのようなデザインになった？」ということを考えて準備していたのに、実際に訊かれたのは以下のようなこと。
「教会の入り口に置くと、たくさんの人の目に留まるからというのはわかったけど、教会はどんな入り口なの？」
「教会の床は木でできているの？　それとも石？、他の素材？」
「置きたいのはどんな教会？　石造り？　木造？」
「教会を描いてみて」

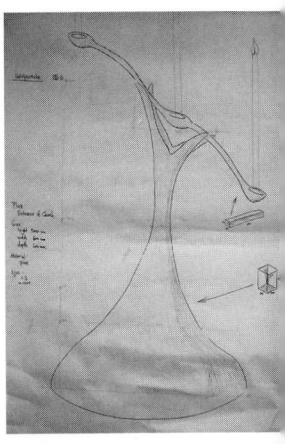

　ロウソク立てのことではなく、それを置く空間について訊かれたのです。これは課題そのものにしか考えが及ばなかった僕にとって、非常に意味あることでした。「デザインを行なうに当たっては広い視点を持つことが大事」と言いますが、まさにその通りです。

プロトタイプを作る

　アイデア発表の後、プロトタイプ製作を開始。全体のバランスや、製作手順を考えるために試作をするわけですが、僕が考えていた物は高さ1メートルほどと大きいので、いくつもの部材を貼り合わせて、大きくしていく必要がありました。機械を使えれば楽なのですが、手加工での製作が今回の条件であるこ

とから、そうはいきません。

　大まかに材料を用意した後は、すべて手道具で加工することになりました。平面や直角は鉋（かんな）で削り、組み手があるならば鋸（のこ）や鑿（のみ）で加工しないとなりません。そして僕は角材を貼り合わせて、土台を大きくする予定だったので、角材の角はすべて直角にする必要がありました。1面だけを平面にするのならばそれほど難しくないのですが、4面すべてと、直角を出すとなると難易度はグッと上がります。本格的に手加工のみで作業をするのは、この時が初めてでしたので、ちょっとワクワクしていました。

　手加工での角材製作手順はおおよそ次の通り。

　　1．1面を鉋を使って平面加工。
　　2．その面を基準として、もう2面を加工する。
　　3．そして、最後の面を仕上げる。

　この作業を繰り返すだけなので、それほど難しくはないのですが、同じことを同じ精度で繰り返す根気と体力が必要でした。

　次にお互いのブロックを接着し土台を作っていきます。ある程度の大きさになってからは、荒ヤスリで形成作業を始めました。が、作業がハードな割には効率が悪く、加工が全然進まないのです。クラスの友人たちも、この道具が良いかも、と貸してくれるのですがどれもいまひとつ。遅々として加工が進みません。あまりにも手間が掛かりすぎるので、少々、困りました。

　と、そこで気付いたのが、鋸である程度まで加工してしまうことでした。部材を貼り合わせた状態から、すぐにヤスリで削り始めるのでは無駄が多すぎるので、鋸を使ってその部分を大まかに切ってしまおうと考えました。鋸というと切断するというイメージがありますが、細かい加工にも使える（もちろん、刃の細かい鋸が必要）のです。鋸で大まかに切り、ギリギリまで追い込むことで、その後の作業が非常に楽になり、効率が上がりました。

　ここで日本の鋸の素晴らしさを再確認しました。鋸の身が薄いお陰で、しならせながら加工をすることができるのです。切

底面から見るとこのようになっています。

れ味が良いこともそうですが、手元の加減で調整できるので便利です。木目の方向によって、縦挽き、横挽きを考慮しながら加工しました。一連の作業が終わると、表面は小さな階段状（鋸を縦横、縦横と使ったから）になっていました。

　細かい階段状の表面が残っているところでヤスリの出番になりました。ヤスリを使う時に一般的には木に当てたまま前後に擦りながら削ってしまいがちなのですが、実際はヤスリの刃は一方向にしか付いていませんので、戻る時には切削が行なわれていません。正しくはヤスリを押す時に削り、引く時は木から浮かすようにして戻すことが、ヤスリを長持ちさせる秘訣です。目詰まりも減るでしょう。

　曲面が出てからは南京鉋（なんきんがんな）の出番です。これは曲面を削るための特殊な鉋で、扱いにコツが必要ですが、とても重宝します。カペラゴーデンにある金属製の南京鉋と自作の木の南京鉋を使い分けて加工しました。自作の物は、この時に初めて使用したのですが満足いく使い心地でした。表面が輝き、木目が鮮明に現れました。サンドペーパーでの仕上げだとこうはならないんです。

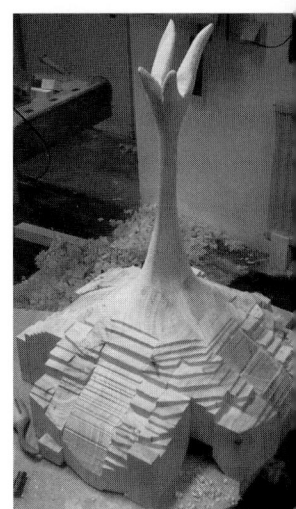

　アイデア発表から1週間後に1年生内で試作の中間講評を行ないました。他のみんなはモデルが出来上がっていたのですが、僕は土台の半分だけが形になっている状態で発表しました。ロウソクの立つ上部はこの時点ではまだ備わっていませんでした。

　講評の最中、鋸で切った階段状の表面は面白いから下部にはそのままに残して、上に行くにしたがいだんだんと細かく、滑らかにしてみたらと言われました。先生の提案でしたが良いアイデアかもとこの時は思いました。土台の試作はここまでとし、ロウソクが立つ部分の検討に移ることになりました。ここまでずっと同じ作業の繰り返しだったので、気分的に楽になりました。

　その週末、ポカポカ陽気の中、屋外に椅子を持ち出し、ナイフと砥石（切れ味が悪くなったら刃を研ぐため）、リンゴと水を持ってロウソクの立つ部位を削り出しました。木目を考えながら弱くならないように黙々と削るだけですが、大事なことはこまめにナイフを研ぐこと。

やっと形になったので、ろうそくの代わりに紙を立て、先生を呼んで見てもらいました。ここでいろいろ話し、加工の手順やデザインの改善点（フォルムが中心）を決めて試作の製作は終了となりました。

完成までの紆余曲折

いくつかの改善点を踏まえて本製作を始める前に日本から持ってきていた道具の調整を行ないました。日本とスウェーデンでは気候（特に湿度）が大きく異なり、スウェーデンの方がずっと乾燥しているので、道具に使われている木が縮んでしまうのです。日本国内にいても夏と冬とでは大きな差が出るのですが、まさに同じことが起きました。湿気いっぱいの夏の日本から、涼しく乾燥しているスウェーデンへ来たのですから必然の結果でしょう。

特に鉋の台（本体のこと）である樫（カシ）に大きな影響が現れたようです。想像よりも大きく縮み、鉋の刃が緩くなってしまいました。この場合は刃が収まる部位を少しきつくしたいので、紙を間に入れるなりして調整（台を作り直すこともできますが、その分、手間がかかる）します。

日本で道具を購入し、良い状態で使えるように調整（俗に仕込むと言います）してありましたが、新たな土地へ来ると、その場に合わせてそれらを再調整する必要があるんですね。どんなに高級品でもしっかりと調整できなければ、三流品以下ですし、仕事も進みません。季節の移り変わりごとにも必要になる作業です。仕込みが良ければ、使い心地も素晴らしいものになります。

ようやく製作開始です。手順は試作でもやっているので、手際よく行なうことを第一としました。平面および直角出しをし、まずは支柱を作りました。基本となる部分なので重要です。そこからしばらくは、平面を出してブロックを用意するという単調な作業が続きました。そして段々と、そんな日々に飽き始めてしまいました。

効率が悪かったといまなら考えられますが、少々根気がなかったみたいです。これは本当に良くありませんでした。しか

し途中でイースター（キリストの復活祭）休暇があり、タイミング良く気分転換を行なうことができました。プラハへ旅行に行き、いろいろと美しい物を見て、新たなやる気が沸いてきたのです。お陰で休暇後は急速に製作が進み始めました。

　形が見えてくると、ずしりと重くなってきました。この頃、試作時に提案を受けていた、下部を階段状にして、上へ向かうにしたがって滑らかにするという考えに疑問を持ち始めていました。やっぱり全体を滑らかにするという当初のやり方でいきたいと思ったのです。そう思い始めてしまうと、また作業がつまらなくなってきてしまいました。どうしたものかなと思っていた頃、ちょっと勢いで先生の所へ「階段状にするのはやめたい」と言いに行きました。どんな返事があるか心配でしたが、あっさり「いいよ」との一言。拍子抜けですが僕のやりたいようにやらせてくれました。

　後で考えてみると、これもカペラゴーデンらしいエピソードだったと言えるでしょう。学生がやりたいことを最優先に、それを実現するのを先生が手助けするという考えです。教官の指示は単なる一意見（もちろん適切な内容ではある）であり、それが絶対ということではないのです。

　ついに成形の段階に到達しました。とりあえず荒削りをするために丸ノミを玄翁（げんのう、金槌）で叩いて形を削りだしていきました。そこでふと、その彫り跡、模様、感じなどがとても美しいと感じてしまったのです。ここでまた方針転換（笑）。下部には掘り跡を残し、上に行くに従って滑らかな面になるようにしました。結果的に、先生から言われたことと、僕自身がしたかったことの中間点に収まったようです。

　「土の中から伸びた腕がロウソクを支えている」ロウソク立てが完成しました。教会でのお披露目にも無事に間に合い、講評会ではイクルらしい作品だねと皆から評価してもらえました。有機体、命あるものを意味する「Organic」という言葉を作品名としました。僕の名前も「生」と書きますし、意味としては似ていますよね。

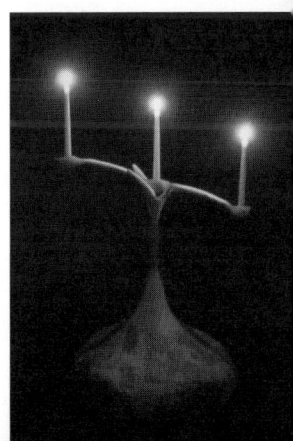

カペラゴーデンの朝礼

　モーロンサムリン（Morgonsamling）、直訳すれば「朝の集まり」、日本でいう朝礼です。カペラゴーデンでは朝食後に鐘の音を合図に図書室（講堂も兼ねている）に集合します。曜日ごとに担当のコースが決められていて、僕たち木工科は金曜日が担当でした。木工科からはその週の工房長（工房内の雑用や改善作業を行ないます）が担当します。

　何をするかは担当者の自由でした。楽器を演奏したり歌ったりする者もいれば、詩の朗読、ちょっとしたゲーム、ビデオ上映会、さらには即興で絵を描くなんてこともありました。他のコースの製作状況を皆で見学しにも行きました。学生たちのいろいろな面を知ることができます。

　当然ながら僕にもこの担当が回ってきました。聞くところによると過去の日本人学生はお茶を点てたり、剣道、書道を披露したりしたそうです。僕のできそうな日本的なものって何があるかなと考え、折り紙をすることにしました。

　当時は、ろくにスウェーデン語を話せませんでしたので、むしろ折り紙はやりやすいだろうと思えました。

　さて、折り紙を見せるにも、何を作るかを決めないといけません。

　折り鶴は初めての者には難しいと思い、6つのパーツを組み合わせると立方体が出来上がる簡単な物を選びました。これはパーツを12枚、30枚と増やせばさらに複雑な形になるのですが、折り方自体はとても簡単なのです。みんなで折って、組み合わせればきっと面白いでしょう。

　案内書を作って、掲示板に貼り、さらに前夜のうちに、食堂中を和紙で装飾して準備万端。当日は朝食後の食堂でそのままイベントを開始しました。各々に一枚ずつ折り紙を渡してから、手順ごとにゆっくり一緒に折っていきました。そして最後に、一つに組み合わせてできあがりです。

　この朝礼で知ったことは、あんなに細かい手仕事をするカペラゴーデンの学生であっても、決して器用だとは限らないということ。もちろん上手な人もいますが、うまく折れない人もいて、なかなか興味深かったです。

　この折り紙の評判はとても良く、和紙に興味を持ってくれる人もたくさんいて盛り上がりました。朝礼の最後に「おはよう」と言うのが定番なのですが、たくさんの拍手をもらえるとうれしいものですね。

木工旋盤の特別講義

　カペラゴーデンへはさまざまな講師がやって来て、短期の特別講座を行ないます。その中でも木工旋盤の講義には特に興味を持ちました。木工旋盤とは材料を回転させながら、刃物を当てて加工する際に使う機械で、ろくろとも言います。

　僕はカペラゴーデンへ来る前に父の仕事場である程度は経験があったのですが、講師の実演を見て、いきなり驚きました。僕の削り方は、爪を立てて掻きむしるという感じで、粉のような削りかすが出てくるのに対し、彼は逆にまるでリンゴの皮を剥くように、木の表面を加工したのです。削りかすもスパゲッティーのように長く長く出てきます。

　まったく同じ材料、刃物を使っているにもかかわらず、加工面の綺麗さ、輝き方にも雲泥の差がありました。僕がこれまで正しいと思っていた、刃の当て方や刃の作り方（刃の角度）は根本的に間違っていたのです。正直、愕然としました。

　改善点を教えてもらって再び加工を始めてみたのですが、これまでの癖がつい出てしまい、「そうじゃないよ」と何度も指摘されてしまいました。3日間の集中コースでしたが、初日はそれの繰り返しでした。

　一通りの基本加工を教わってから、先生の得意とする、生の木を使ったお椀の製作に移りました。水をたっぷり含んだままの木から、彼はなんと10分ほどでひとつのお椀を削りだしてしまうのです。手際の良さもさることながら、みるみるうちに木の固まりがお椀の形へと加工されていく様子は、見ているだけで爽快です。加工中は木の中の水が飛んでくるほどでした。

　僕たち学生も手順を教わりながら製作を始めました。まずはお椀の外側を作り出します。椀のカーブを綺麗に作り出すには慣れが必要ですが、それほど難しくはありませんでした。ここでは、刃の切れ味を保つためにこまめに研ぐことの必要性と、どの刃物がどの加工にむいているかを教わりました。

　次に、椀の脚をくわえる特殊な治具（じぐ）を使って片持ち固定をし、椀の内側を加工します。ここでも刃の当て方が重要でした。ちょっとでも違う当て方をすると大きな反動が返って

くる（大抵、大きな傷が付く）のでおそるおそる作業をしていました。すると、今度は体に力が入り過ぎてしまうのです。リラックスしろとは言われるものの、どうしても緊張してしまいます。椀の肉厚が薄くなってきてから失敗すると、はじけ飛んだり割れたりしてしまい、一巻の終わりなのですから。

先生は3ミリの肉厚まで余裕で追い込むのですが、僕は5ミリ厚が精一杯。たったの2ミリの差ですが、見た目のフォルムと重さは全然違います。彼の過去の作品にはそれよりもずっと薄い物や、直径60センチくらいのはるかに大きい物まであり驚きました。今回僕の作った物は15センチくらいです。

これらは生の木なので加工後にしっかり乾かさないといけません。生の木からの加工の項でいくつかの方法を紹介しましたが、加工直後は真円だった椀は乾燥するにつれ楕円状に少し変形します。この変形を利用して作品を作る芸術家もいるとか。奥が深いですね。

彼の作業を見ていて、ある点に気付きました。加工時に刃先を支える手よりも、刃物の柄を持つもう一方の手の動きが僕たちとは全然違うのです。刃物の当て方を微調整しているのですが、これこそ経験の賜物。これ以降、僕はことあるごとに旋盤を使って小さな物を作るようになりました。相変わらず、毎回が練習です（笑）。

綺麗な光

スウェーデンの人々は日本人と比べて、光の扱い方がとても上手いと感じます。日本のように強い光で室内を照らすことはなく、間接照明などの柔らかい光を好んでいるように感じます。スウェーデンでは蛍光灯の青白い光よりも、暖かさを感じる光が大半です。みなさんも、ご近所の家の窓を見てみてください。マンションなどは特に見比べやすいでしょう。寒色（蛍光灯系の色）と暖色（普通の白熱灯や、火の色）の違いがよくわかるのではないでしょうか。日本では冷たい白い光が圧倒的に目立つはずです。スウェーデンでは蛍光灯は仕事場やキッチンには使われても、一般家庭には日本のようには浸透していません。そして、ロウソクは普段の生活に深く根

づいています。長く暗い冬を暖かな光で照らそうとした先人からの文化なのでしょう。

　カペラゴーデンに来てからさまざまなランプを作ってみました。ロウソクを使った物から、電球が入っている物、影を楽しむ物などさまざまです。

　初めてロウソクを作ったのはスウェーデンに来る前、日本でした。深い鍋一杯に蜜蝋（みつろう）を溶かし、その中に芯となる紐を浸けて、冷まし、また浸けるということを何度も繰り返すことで細長いロウソクを作りました。蜜蝋を使っているので、甘い香りが漂います。

　カペラゴーデンのクリスマスマーケットでは、木工旋盤を使って、大量のロウソク置きを作ってみました。どこの家庭にもある小さなロウソクを置けるようにした物です。ベルギーにあるカトリックの修道院へもクリスマスプレゼントとして送り大変喜んでいただけました。ロウソクの光は穏やかな気分にさせてくれますね。

　ランプを作る一日課題があった際には、折り紙の技法を使って、和紙ランプを作ってみました。実はこの折り方は僕が幼稚園生だったときに教えてもらったものなんです。まさかスウェーデンでランプにするとは思いもしませんでした（笑）。強度を保つために接着が必要だったため、少し製作に苦労しましたが、中に電球を入れ、吊しています。光の明暗、点と線が綺麗で非常に気に入りました。この5年後に東京で催した僕の作品展示会では、木工作品が並ぶ中、唯一のランプとして持っていきました。しかも会場の中心に！

　木工科内に大量の白樺（シラカバ）の端切れが置かれていたことがありました。何に使うのか聞いてみると、自由に使用してよいとのことでした。せっかくだから何かを作れないかと考え始めました。いろいろと試した結果、材を細い棒にして、積み上げると綺麗だと気付きました。まず最初は普通に積み上げて、和紙を貼り、ランプカバーを作ってみました。これはとても気に入り、自室で卒業まで使い続けました（いまも残っているはずです）。

　その後、それにねじれを加えるとどうなるかと思いついたのが「タイフーン」という名前をつけた、オブジェ的趣向の強い

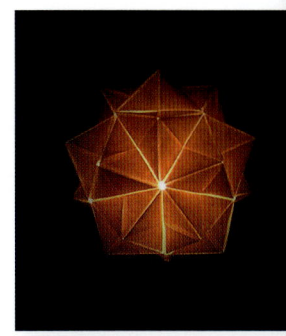

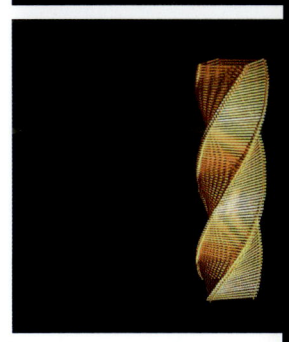

35

物です。細い棒4本を正方形になるように接着してから、一定の角度変化をつけながらひたすら積み上げていくのです。総数は400本くらいだったと思いますが、期待以上に美しくまとまりました。難点は強度が弱いことで、倒してしまうとガラスのように粉々になってしまうことでした。

　しかし、内側に電球などの光源を置いてみると、木の隙間を通って、無数の光と影の波が出てきたのです。逆に手前から光を当てると、影がまるで竜巻のように現れたのです。これはスウェーデンの新聞に掲載され、買い手も付きました。現在はどうなっているのでしょうか。

裁縫箱 Sybord

　ロウソク立ての製作が佳境の頃、それに続く課題が発表されました。戸棚や書斎机など、マルムステンがデザインした家具の中から一つ選択するようにと言われました。そして僕は複数の図面が並んでいる中、直感で一番綺麗だと感じた Sybord を選ぶことに決めました。Sybord を訳すと、裁縫道具や、生地などを収納できるようにデザインされた裁縫机という感じでしょうか。すかさず先生から、これは一番仕事量が多く大変だよということを言われたのですが、せっかく最初に選んだ物だし、これが作りたいと思ったので考えを覆すことはしませんでした。案の定、かなり苦労をすることになるのですが……。

　まずは木工科の材料置き場にある材を端から見て回り、どの材料を使うか検討することにしました。その中で目を引いたのが、これまで扱ったことがなかった洋梨の木。赤い色をしていて少し甘い匂いがするんです。この時、初めて知ったのですが、リンゴの木だと、リンゴの香りがするんですね。樹種の見分けが付きづらい時には、材の表面を爪でこすって匂いをかいでみたりもするようです。

　材料取りを開始しました。長さ2メートル、厚さ6センチもある数枚の木から各部材を用意するのは僕にとって初めての経験で、いろいろ悩み考えながら木を切っていきました。この頃は、材料の表面に現れる木目をあまり気にしないで材料取りをしていたので、いま考えると、ちょっともったいなかったです。

箱の底板は無垢材ではなく、合板を作ることになりました。一般的に日本では合板というと、量産用に簡単に作られた安物としてのイメージがあるのですが、僕が教わった作り方は、ずっと上等な方法でした。無垢材と比べて格段に安定（変形があまり生じない）しているので、広い面（たとえば机の天板）などの適所に使えば非常に有用です。ヨーロッパでは何百年も前の家具であっても、上手に合板が使われています。この点は日本の木工文化と大きく違います。

　合板は芯材（内側の見えなくなる部位）から作ります。一番重要なのは、表面に貼られる突き板（木をスライスした薄い板）です。0.5ミリ厚（突き板としては厚い方）の板を重ねて、鉋などで端面を正確な直線にします。こうすることで他の突き板と接着して幅広にすることが可能になるのです。

　内側には芯材となる細い棒状の松と、その木目に対して交差するように下地の突き板が貼られています。この下地の突き板は松の動きを押さえる役割があり、その上に洋梨の突き板を貼ることで一枚の板が完成します（構造がわかりやすいように断面図を用意しました）。準備に時間がかかりますが、綺麗に出来上がると無垢材に負けないだけの質感を備えた板が出来上がります。無垢材の短所（同じ寸法の板を無垢材で作ると、ねじれや割れが発生する可能性がある）を改善しようとした先人たちの知恵の結晶です。

　箱の内部は薄い板で仕切られているのですが、この仕切り板を出し入れする溝の加工に手間が掛かりました。マルムステンの図面に指示されているような溝の形状にするには刃物を自分で作り出す必要があったのです。いくつかの検討の後、ここはルーターを使って加工することとし、ルーターの刃先を削り、刃先を研いで切れるように作り直しました。仕事量が多くなるよと指摘された通り、工程ごとに地道な下準備が必要で、なかなか先に進みませんでした。

　蓋は底板と異なり、無垢の木を使っています。ただし、木が収縮してもよいように、ねじで止めるように図面上に指示されていました。ねじ穴には左右に数ミリ分の余裕を持たせてあるので、木が収縮してもその余裕分は動けるので、木が割れたりするリスクが減るようになっています。このねじが入っている

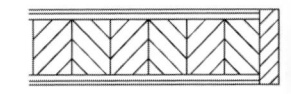

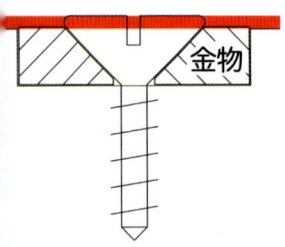

部分は、洋梨の木で栓をして隠されています。この頃から、マルムステンは木の特徴をしっかりと理解したデザイナーだと思い始めました。

　蝶番（ちょうばん、ちょうつがい）はイギリスの真鍮製の物を使用しました。ただ取り付けるのならば簡単なのですが、ここでも下準備に時間がかかっています。ねじは、ねじ穴にピタリと重なるように調節し、また蝶番自体は木の表面と同一面になるように仕上げるのです。これは難しい作業でした。蝶番の表面をちょっと削るだけで済むように取り付ける（図の赤色の部分を削り落とします）のですが、その量が多すぎれば、ねじ溝がなくなってしまうのです。これは量産家具では絶対に行なわれない技術で、綺麗に物を作るとはこういうことにまで気を配ることなのだなと知りました。

　箱だけではなく、もちろん脚も製作しました。

　この段階で既に夏休み休暇を過ぎて、2年目に突入していました。他の皆は戸棚製作は完了し、次の課題を始めていたのですが、僕は、やることすべてが初めてだったことで練習と失敗の繰り返しで随分と遅れていました。仕事量が多いという忠告通りになっていたわけです。

　表面仕上げはシェラックで下地を作り、その上に蜜蝋を塗ることにしました。正確には擦り込んだと表現した方がよいと思いますが、磨き上げることで美しく輝くようになりました。当初は亜麻仁油でオイルフィニッシュ（ワックス仕上げよりも手軽）にしようと考えていたのですが、やめた方がいいと先生に言われました。なぜだかわからなかったので、端切れの木で実験をしてみると、洋梨は他の木と異なり、オイルを塗った部分が染みのように汚く見えることがわかりました。楢（ナラ）やチークなどに塗ると色が濃く、重厚感が増すのですが、どの木でも良い影響があるわけではないと知りました。

　完成も間近に迫ったある日、天井近くの棚に置いていた脚部が落下してしまいました。同じ建物の2階にテキスタイル科があるのですが、どうやら織り機の振動で棚の上の脚が落ちてしまったようなのです。幸いにもすぐ下にあった箱には直撃しないで済みましたが、脚には大きな傷がついてしまいました。自分のミスで生じた傷ではないのでショックでしたが、しっかり

直すことができてこそ、一流の家具職人だと先生に言われ、正論だなとあっさり納得。仕事量は増えましたが、これはこれで良い経験になりました。
　籠（かご）も自分で作ってみたいと思っていました（経験なし）が、さすがに大変なので、籠作家の方に製作を依頼しました。
　カペラゴーデンの展示会に出品し、スウェーデンの新聞に展示会の紹介と共にこの作品が掲載されました。苦心作でしたが、一連の作業で学べたことは山のようにあり、結果的には非常に有益な時間を過ごせたと思っています。

メルセデス・バス

　スウェーデンに来てから数カ月後のこと、カペラゴーデン特有の不便な環境に困り始めていました。近くにバス停がありはするのですが、本数が多い朝夕でも1時間に1本だけ。歩ける距離には、街も、食料品店も皆無なので、ちょっと出かけて買い物をしたくても一苦労という状況でした。
　当然ながら車の所有を考え始めたのですが、理想として考えていたのは、荷物をたくさん積めて、車内で寝られる広さがあるボルボのワゴン車でした。15年前くらいの中古車だと格安で見つけられると知りましたが、どうやって見つけるかが大問題でした。新聞広告にでている個人売買で良い車を見つけられる確証はありませんし、町なかのディーラーで購入するほどの資金もありませんでした。
　スウェーデンの中古車情報を調べていてわかったのですが、車の相場は日本よりもはるかに高いようです。四輪駆動車や、ワゴン車は当然としても、日本では走行距離が1万キロを超えているとかなり安くなりますが、こちらでは10万キロは平気で走っている車ばかりです。一回当たりの走行距離が全然違うのでしょうね。
　そんな時、知人が車を買い換えるという情報が入ったのです。なんとメルセデスベンツの業務用車。俗にメルセデス・バスと言われる車です。錆びもたくさんあるし、トラブルもちょこちょこと起きていると言われましたが、元々、錆びは気にしていませんし、車内で宿泊という条件は完璧に満たしていました。
　この車（90年型）は家具を運んでヨーロッパ中を営業していたらしく、すでに29万キロ近くを走破していました。とはいえ、エンジンは前所有者が積み替えていたこともあって調子は悪くなさそうでした。値段は激安と言えるものではありませんでしたが、スウェーデンに来たばかりの僕が個人売買で購入（税金の面で有利）できること、大きい車が手に入ることを考えると決して悪くはない話だと納得しました。
　無事に入手したあと、さっそく「作業」を開始しました。運

転席のダッシュボードを外し、木製にしようと計画したのです。とりあえず配線類は仮の板に取り付けることにしておきます。さらに車内に張り巡らされていた機能しなくなっている防犯装置も取り外しました。壊れていたクラクションも交換修理。通常、車内での作業は狭くて苦労するのですが、この車は車内でも立ちながら作業ができるほど空間が広く、とても楽でした。

　しばらくしたある日、走行中に警察の検問に止められました。ここで、なぜ運転席周りが丸見え（笑）になっているのか怪しまれてしまいました。カペラゴーデンの学生で、木で作り直したいんだと言ったら納得してくれたのですが、このままだと確実に車検は通らないから元に戻した方がいいと勧められてしまったのです。結局、元の状態に戻しました。

　夏休みの期間中、この車で妻と一緒に旅行をしました。ノルウェーからドイツ、ベルギー、デンマーク、オランダなど全行程は1万キロを超えました。ほぼすべてが車中泊で、自炊です。とにかく車が大きいので、気にせず何でも積めたのは助かりました。車内を改造して壁や天井にも物を固定できるようにして、洗面具、調理道具から緊急時用に消化器まで持ち込みました。

　この車での旅行中、一番の経験は？と問われれば、やはりノルウェーでのフィヨルドを挙げると思います。観光客がよく来る場所ではなく、もっと奥深くに位置するシェーラグ（Kjerag）という場所です。車なしでここへ行くには困難な場所なのですが、非常に興味をそそられるものがあったのです。

　前日は最寄りのキャンプ場に宿泊し、翌朝、車で登山道入り口まで急坂を登って辿り着きました。随分と登ったようで、すでにフィヨルド水面から600メートルほどの高さになっていました。目指すシェーラグはさらにそこから高低差400メートル上。片道約4キロの道を徒歩で進むしかありませんでした。

　登山道には、急坂などの一部だけチェーンの手すりなどが付いていましたが、ほとんどは未整備で自然のまま。所々にある、赤字でTと描かれたマークだけを頼りに登って行くように

なっていました。かなりの高所だからか視界を遮る木は皆無で、崖下には青緑色（氷河によって削り出された砂粒や堆積物の影響でそのような色に見えるのだとか）に輝くフィヨルドの水面が見えていました。泊まったばかりのキャンプ場や、駐車場に止めた車も豆粒のように見えました。一緒に登っていた妻はあまりの高さに怖がってしまい、ゆっくりとしたペースで進んでいくことになりました。

　途中からは勾配も幾分は楽になり、氷河に削り磨き上げられた石だけの地面が現れました。6月後半にもかかわらず雪がかなり残っていましたが、天気は快晴でハイキングとしては好条件でした。そして突然、目的地に到着したのです。2つの切り立った崖の間になぜか岩が挟まっているのです。水面から1000メートルの高さにある、自然の神秘そのものと言える場所でした。登山道入り口の掲示板には「見るだけをお勧めします」と書かれていた場所です。

　が、僕はその岩の上に乗ってみることを決意。もちろん、そのつもりで来ていたのですが、いざその瞬間となるとかなりの

恐怖を感じてしまいました。手すりなどは付いていないので、誤ったら1000メートル落下は確実なのです。1、2分ほど躊躇した後、勇気を出してピョンと飛び移りました。しかし、下を見ようにもめまいがするほどで、あまりの高さに脚が震えます。離れた場所で待機していた妻に写真を撮ってもらって、やっと無事生還（笑）。日本だと柵などを取り付けて、絶対に立ち入れないようになっていそうですが、自然の姿そのままに留めているのは良いことだと思います（恐いけど）。

またチャンスがあれば行ってみたいです。

CADでベンチをデザインする

カペラゴーデン2年目が始まってすぐに、アウトドア家具専門の会社との共同プロジェクトが発表されました。2-3人くらいが腰掛けられる屋外用のベンチを考えてみようという課題です。風雨に耐えられる構造で、主要な材料は木だけれども、必要ならば金属や石などの他素材もOK。そして、スウェーデン市場にはないような独創的なデザイン、かつ量産に向いた構造の物を発案してほしいという条件でした。

参加は自由だったのですが、せっかくだから僕も何か考えてみることにしました。実は同じ時期にもう一つ別の課題が出ていたので、それと絡めてみたかったのです。

カペラゴーデンは、手で図面を描き、手で物を作ることが中心の学校とはいえ、コンピュータについて知ることもこの頃には現実的となってきていました。そこで木工科では、CAD（コンピュータを用いた設計製図）基本コースが企画され、近郊にある大学で受講するために一週間の泊まりがけ旅行へ出かけることになりました。しかし、僕は少しだけCADの概念を学んだことがあったので、この初級者向けコースは必要ないと判断し、参加しませんでした。

とはいえ、CADを使って平面図面を少し描いたことがあるくらいだったので、留守番中、僕はベンチのデザインに挑戦してみることにしました。CAD研修旅行へ参加した者たちに負けないだけのことができるように、立体モデル（3D）での自習を始めました。日本からこちらへ来た時に買った、専門書一

43

冊とソフト付属の説明書が先生です。当然ながら、最初は板一枚を書き出すだけでも試行錯誤の連続で、何度も何度もモデルを作っては消して、また作り直すという繰り返しでした。そのうち、だんだんとコツというか、立体モデルを作る際の考え方や、色の付け方、影の表現などもわかるようになりました。

　ベンチをデザインする過程で僕が重要視したのは、材料の統一。座面と脚に使われる板材はすべて同じ幅にし、厚さは２種類のみになっています。こうすれば部材の確保が格段に楽になると考えたからです。後は脚になる棒と、ベンチの両端と中心に付ける材だけと考えてみました。

　なんとか見せられるモデルを作れるようになってきたので、今度はどのようにアイデア発表をするかを考え始めました。

　当時、僕はアップルのパワーブックG3を使っていたのですが、立体図の着色や影の描画までを行なうと、ハードへの負担がかなり大きくなり、見るからに動作が重くなりました。それでも、これまでは未知だったコンピュータによる設計の勉強をできる魅力は大きかったですね。モデルさえ作り上げてしまえば、あらゆる方向、角度からスタイルを確認できるのは本当に便利です。

　発表時には僕の稚拙なスウェーデン語を補うために、プリントも一緒に配ることにしました。ベンチの成り立ちとしてこのように書いています。

　　２年前にケルンの美術館で見た、観覧用の籐編みの椅子と、必ず対面して座ることになる中世の椅子から、このシンプルで頑丈な構造のベンチを考え出しました。
　　　同デザインの机と共に、屋外だけではなく、自宅、レストランなどの屋内のさまざまな場所で使うことを考えています。最大で４人（たとえば２組のカップル）が腰をかけられ、真ん中に花などを置くのもいいですね。

　当時のカペラゴーデンで発表に使用できそうな機器は、OHP（オーバー・ヘッド・プロジェクター）、スライド映写機そして

27インチのテレビの三種類しかなく、コンピュータに接続できるプロジェクターはまだありませんでした。しかし、僕のパワーブックは幸いにも簡単にテレビに接続できる映像出力（S端子）を備えていたので、コンピュータ画面を映し出せるテレビを使うことにしました。

　そして発表日。他の皆は模型や絵を用意してアイデア発表を行ないましたが、僕はテレビを使い、CADで設計した図形を見せながら、説明をしました。まだまだ苦手なスウェーデン語で話していても、映像があるとずっと説明しやすいし、理解されやすいのでとても助かりました。発表後の質疑応答時に、6本脚なのは平らではない屋外では問題になるんではないか？と問われました。確かにその通りなのですが、この大きさになると4本脚では強度が足りないのです。とりあえず試作をしてチェックをすることに決定。発表自体は良い反応でした。こんなやり方で発表した者はこれまでにはいなかったようです。

　翌日からプロトタイプ（試作品）を作り始めました。フォルムを見るための簡素な作り（たとえば片側半分とか）でも良いのですが、僕はせっかく作るならば使用可能な物にしたいと思い、ある程度は頑丈な物を作ることにしました。このモデル製作は自分でも驚くほど一気に作り上げることができました。デザイン時に考えた通り、同寸法の部材が多いので作業効率が非常に良かったのです。接着部はダボ（木の棒のような物）が入っているだけなのですが、試作としては十分な強度があり、重量も楽に持ち上げられるほどになりました。屋外で使用してみたところ、よほどの酷い条件でない限りは6本脚でも問題ないようです。

　この後、家具会社の担当者が来校し、試作品を見せながらの発表が再び行なわれました。しかし残念ながら僕の案は選ばれず、他の学生たちの数案をさらに煮詰めて、次段階へ進むことになりました。

　選からはもれましたが、この課題からは非常に多くのことを学べました。この時はまったく考えてもいませんでしたが、このCAD製図の知識や、パソコンを使ったプレゼンテーション技術などは後々も非常に役立っています。CADを使い始めた当初は何度も同じことを繰り返していたので、無駄な時間を過

ごしているのではないかと考えたりもしていたのですが、もし、この時にCADを勉強していなければ、4年後の職人試験（後述します）ではもっと苦労していたかもしれません。やっぱり何事も無駄になることはないのでしょうね。

その後、このベンチは僕の車に搭載され、長い夏休み旅行を共にすることになりました（42ページの写真参照）。デザイン時にはまったく考えていなかったのですが、車内で使用するには、ちょうど良い長さと高さだったので大変重宝しました。

ストックホルムに来てからもずっと使い続けています。

初めての椅子製作

裁縫箱を作っていたカペラゴーデン1年目の終わり頃、次の課題が発表されました。今度は椅子の製作です。マルムステンの椅子もしくは、オリジナルデザインで、2脚まとめて作れば1脚は自分の物として良い（材料費は学校負担なので、もう一つは学校の物）という条件でした。

実はこの時点で、僕は椅子を作った経験がありませんでした。戸棚などと比べると椅子は小さくて簡単そうにも思えたりしますが、本当は椅子の製作はとても難しいのです。まったく未知の領域だったので、きっと学べることがたくさんあるだろうと思って、マルムステンがデザインした椅子を作ることにしました。

今回も10種類くらいの図面を見ながら、裁縫箱を選んだ時と同じく直感で一番綺麗そうな物（一番作りたい物）を選択してみました。これまた、一番手間が掛かりそうでしたが（笑）。選んだ物は背もたれが立派で、厚いクッションを備えた安楽椅子でした。以前は継続的に生産されていたのですが、現在は幻のモデルとなっています。でも、市場からなくしてしまうのはもったいないと思えるほど、優雅なデザインを有していました。

裁縫箱の製作が長引いていたので、実際の製作を始められたのは2年目の中頃になってからでした。椅子製作のほぼすべての工程が初めてということもあったので、僕は1脚だけ製作することを選びました。

まずは材料取りです。図面から厚紙などで脚や肘掛けなどの大きさを型取り、材料の木に載せて材料の取り出し方を考えました。今回選択した材種はニレの木。色が濃く、粘りがある（たとえば、ねじれに強い）ので椅子に向く材料です。そして木目もはっきりと現れます。部材ごとの木目の統一性（たとえば、右脚と左脚は対称の模様が現れるようにする）を考慮しながら、型紙を配置していきます。特に目に付く背面の板と、肘掛けは良い部位を選ぶようにしています。

　直線的な部材ならば、少ないスペースから真っ直ぐに取り出すことができますが、この椅子の後ろ脚のように曲線になっている場合は、真っ直ぐの木を曲げるのではなく（そのような手法もあります）、大きな部材からこのフォルムになるように、切り出しています。これこそが量産家具との大きな違いと言えるでしょう。このように木目の美しさと強度を重視した材料取りは非常に贅沢な方法です。たった一つの部材を作るために無駄になる材（要するに捨てられる）の方がはるかに多いのです。量産家具と比べてどうしても高額になってしまうもっとも大きな要因です。しかし、美しい家具を作るためにはおろそかにできない大事な工程です。実際、適切な材料選択が行なわれた椅子は、量産品のコピーであったとしても、ずっと美しくまとまるはずです。

　その後は図面に指示されている通りの厚さ、フォルムになるように機械と手道具をうまく使いながら加工をしていきます。機械（フレース盤など）でできるギリギリの段階まで追い込んでおいてから、鉋等の手道具を使って形を整えていきます。ある程度までは機械を使い、効率良く作業を進めます。

　一部の加工は、超高速で回転するカッターをフレース盤に取り付けて使用したのですが、これが最高に危ない代物で、かなり緊張を強いられました。なぜなら、カペラゴーデンにあった物は古い時代の刃物で、ドイツではとっくに使用禁止になっている物でした。扱いを誤ると大きな反発（俗にキックバックと言っています）を伴い、骨折だけならまだしも、もっと酷いことになるおそれもあるのです。新タイプの刃物（リスクが減るように対処されている）もいくつかはあるのですが、僕がしたい加工を行なえる刃物は、その古い物しかカペラゴーデンには

ありませんでした。何度も試しをしてから確実に加工できるようにしました。

と、今回は無事に加工が行なえたのは、ある程度の緊張下での作業だったからでしょう。もし、これが同じ加工を100回、200回と繰り返す量産の現場だったとすると、集中力が緩んできた時は非常に危険です。199回までは問題なくても、200回目で内臓破裂とか指切断では割りにあいませんよね。こういう偶発的な事故を未然に防ぐためにも、正しい道具（機械）を正確に使う知識、そして、それ以上にリスクを予見できる能力が必要だと思います。

この椅子の名前 Stora Fjäderbrickan を日本語に直訳すると「大きな羽根板」もしくは「大きなバネ板」。背もたれになる薄い板から由来しているのでしょう。現在生産されているモデルには Stora が抜けている「羽根板」という椅子があるのですが、今回の椅子の方が、背もたれの薄板が湾曲していて、座面も低く、安楽性の高い作りになっています。

その背もたれの板の準備が大変でした。薄い板を曲げているようにも見えるのですが、実際は厚みのある部材から、このフォルムに削りだしているのです。ある程度まで材料取りを行なってから、南京鉋を用いて曲面を成形しました。計4枚の薄板が背もたれに付いていますが、実はこれらは接着されていません。実感はないのですが、名前通り、バネやスプリングのようになって動けるようになっているのでしょう。

肘掛けの加工にはとても頭を使いました。材料取りの仕方次第で、肘掛けの出来が大きく変わってしまうのです。カペラゴーデン木工科には、正しい見本と間違いの見本が置いてあるので、それと見比べながら鋸の入れ方を考えました。木目が肘掛けの曲線に沿って美しく流れるように取り出すのが理想ですが、間違えてしまうと非常に見苦しい紋様が現れることになります。量産品ならまだしも、美しさを求める一品生産品では気をつけないといけない問題です。

座面はせっかくだからスウェーデンらしい物にしようということで、専門の方にゴットランド島の羊の毛皮を使ったクッションを注文しました。このゴットランドの羊からだけ採れる色の濃い巻き毛が特徴です。夏毛と冬毛で違いがあるらしく、

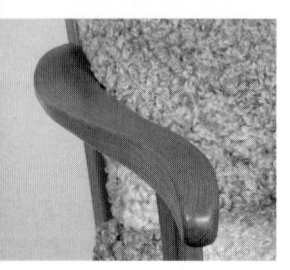

今回使った物は確か冬毛です。本体が完成後、しばらく経った頃に、完成したクッションが届きました。が、僕の製作ミスで少し本体の幅が小さくできていたために、このままではクッションが入らなかったのです。この失敗のことは、注文前に先生に（図面から採寸していたので）伝えてあったのですが、見事に忘れられていた（笑）ようです。当然ながら、僕が図面通りに椅子を作ることができればよかったわけですが、このまま使えないのでは悔しいので、自分で直すことにしました。毛皮を留めている縫い糸を抜き取り、内部のクッション幅を本体に合うように切り詰め、再度、毛皮を縫い止め、無事、ちゃんと収まるようになりました。中身のウレタンフォームは座り心地を良くするために、異なる固さと弾力を持った物が使われています。

　毎年、年度末の夏休み中にカペラゴーデンの作品展示会が開かれるのですが、その出品作品には先生が価格をつけることになっています。製作難易度、材料や、完成度などから判断されるみたいですが、この椅子にはなんと 18000 クローナもの値がつきました。現在のレートで計算すると 30 万円強にもなります。正直、ビックリしました。裁縫箱も出品していたのですがこれにも同じ値が付いたのです。

　日本だと学生が作った物は、むしろ安く買えるというイメージがありますが、出来に見合っただけの価値、そしてスウェーデンでもトップレベルの学校である自負などが考慮されているのでしょう。これだけの値が付いていても、買い手が付くのですから、マルムステンの知名度は凄いのだと感心します。

　今回の椅子は裁縫箱の時と比べ、かなり速く（一カ月ちょっと）作り上げることができたので、この評価は大満足でした。結局、この椅子は手放したくないと思い、自分で買い取ることにしました。数年と使い続けていくうちに、座り心地の良さに対して、不都合な点もわかってきました。これはデザインをしたマルムステンにもわからなかったことですが、日本人の僕には座の奥行きが深すぎるのです。ようするに足が短いということ（笑）。背中にクッションを入れるか、座面の先端を削って調節しても良いかもしれません。

　この椅子を製作したことで、僕はマルムステン家具に目覚め

てしまったようです。前回の裁縫箱もそうでしたが、製作を通して学べることがとても多いのです。製作法だけではなく、図面から読み取れるたくさんの適切な情報にも感心しました。マルムステンはこの椅子を作る家具職人が、どのようにして作業を行なうかをちゃんと理解していたと身をもって知りました。見た目のデザイン一辺倒ではなく、機械の助けを借りて製作しやすくするように考慮されているのです。これには正直、驚きました。図面上にはどこにもそのようには書かれていません。でも、製作を進めるにつれて、なるほど、こういう意図が隠されているのか、とわかるのです。ハンドメイドの一点物の家具に近いとはいえ、製作者のことを考えたデザインになっていることを実際の作業を通して知ることができたのは、非常に大きな経験でした。マルムステンの家具を作ることで、マルムステン本人から教えを受けているような気分です。

職人試験受験へ向けて

　カペラゴーデンでは3年目にスウェーデンの職人試験を受験することができます。受験許可を得るためには、試験までに職人試験課題に含まれる条件（鍵、合板製作、蝶番、引き出し、組み手など）の作業を少なくとも一度は一通り経験している必要がありました。そして、その中で僕がこれまでカペラゴーデンで作ってきた物に含まれていなかった物が「手加工での蟻組み」を含めた作品です。当然ながらそれを3年目最初の課題にしました。職人試験の初期段階が始まる前の、約1カ月ほどで作れる物ということで、小さな戸棚を技術確認のために作ることにしました。

　引き出し2つと扉を備えたシンプルなデザインにしましたが、戸棚の骨格は変わった構造に挑戦してみることにしました。三方向の枠棒が角でひとつになるデザインです。ただし、この形状で確実な接着を行なうには困難が予想されました。また、角が45度に加工されていると接着強度も期待できません。そこで先生と相談をし、外見を変えずに強度を持った構造となるように、枠の形状（正確には断面）を変更することにしました。これで戸棚の面を利用して強度を持たせられ、角は綺麗な接着にだけ専念（強度は期待しないで済む）できるようになりました。その後、構造や寸法がわかるように部分図面を描き、製作を始めました。

　まずは箱となる合板作りから開始しました。今回が2度目だったので、裁縫箱を作った際に書き留めていたノートを開いて、合板の作り方を再確認。材料にはカペラゴーデンの倉庫内の、廃棄処分になる予定だった楢（ナラ）の古い突き板を使用することにしました。脚や枠はスウェーデンでは一般的な白樺材。完成時に現れる木目を考慮しながら木取りをしました。角を丸くするので、材の取り方次第で見え方がまったく変わるのです。フレームの構造を工夫したことで、戸棚側面を高強度で接着できるようになりました。角になる部分は少しでも接着強度を高めるために、薄めた接着剤を木口に擦り込んでおきました。こうすることで、本接着時の接着の効きが幾分かは良くな

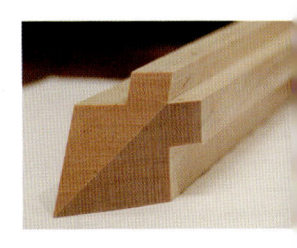

るのです。

　一面だけの接着はそれほど難しくはないのですが、問題はその後に一体にするのに手こずりました。角が斜め45度（しかも三方から）に正確に加工されていることは当然として、3方向すべてからピタリと合わせるようにするためには、接着時の圧の加え方一つでも普段のようにはいかないのです。これには何度も練習と効率良い方法の検討を重ね、なんとかうまく接着できました。その後に接着面が浮いたりしないか気になりましたが、とりあえず大丈夫そうです。

　残るは引き出しと扉の製作です。この戸棚の場合、二つの引き出しの間には仕切りがないため、両方とも箱の形状が平行になるように加工をしないといけません。引き出しの出し入れ時に引っかかったり、ガタガタしてしまうことになるからです。もちろん引き出しだけではなく、引き出しが納まる本体の精度も重要です。まずは引き出しの底板から作り始めました。底面に引き出しの枠が接着される構造となっていたので、まずこの底板を正確に作ることが重要でした。

　職人試験の必須要項である「手加工での蟻組み」は僕にとってこの時が初めてでした。まずは同じ寸法の材で練習を繰り返してから、本製作に移りました。罫書き（目印の線）に合わせて、鋸の切れ目を正確に入れます。加工中の手首の動かし方や、力の加減、角度に注意して切ることが重要です。ここで完璧な鋸加工ができていれば、修正を加えずに相手側の組み手とピタリと組み合わせることができるはずなのですが、僕はまだそこまで追い込める技術は持ち合わせていないので、鋸で切ったままでは、組み手がきつすぎて合わさらないのです。そこで、鑿（のみ）を用いてもう少し加工します。この一連の作業には日本の鋸と鑿が素晴らしい切れ味を発揮してくれました。特に組み手加工に使う胴付き鋸は、スウェーデン人でもほとんど全員が日本製を使用するほどでした。

　扉の加工は蝶番に神経を使いました。裁縫箱製作で経験していたので、加工の手順はわかっていましたが、扉が傾かないように取り付けることが重要です。この手の蝶番は取り付け後に、蝶番側での調節がまずできないので難しいのです。もし、完璧に取り付けられれば扉の四方には一定の隙間が空いている

カペラゴーデンの名前の由来

　カペラゴーデンの歴史は1957年、スウェーデンの家具デザイナー、カール・マルムステンがスウェーデン南東のエーランド島のビックルビー村にある古い農家を見つけたことから始まります。

　彼はここに余生をかけて、若い世代を育てるための聖域を作りたいと思いました。本当の人間らしい世界、そして物作りを通して、社会生活の中で人々の基礎となりえる精神的、物質的なものを守り、そして身につけることをここで学べるようにするためです。

　名前の由来にはいくつかの事柄が絡み合っているようです。

　マルムステン夫妻がイタリアを訪れたときに、ローマの聖ペテロ教会の指揮者と知り合うのですが、聖歌隊長や楽団長のことをイタリア語ではカポ・カペッラ（Capo Capella）と呼ぶそうです。そして、スウェーデン語では教会（特に聖堂）や小さなオーケストラのことをカペル（Kapell）と言います。

　ヨーロッパの街は中心となる建物（教会）があり、その周囲に住宅や商店が広がるのですが、彼が興味を持った農家もそれに似ていると感じたようです。そしていくつもの納屋だった建物を買い取り、学生が学び、生活できる場所として改装し学校としたのです。Gården という言葉は農家や庭をも意味しています。

　自然と伝統から学びながら、日常生活に必要な物を作ることで、手（技術）と知（知識）、マスター（先生）と見習い（学生）、学校と地域社会の調和を高めることがカペラゴーデンの理念なのです。これらのことから、若者たちの創作活動がハーモニー（調和。オーケストラの作り出す音そのものですね）を奏でる、教会の庭というイメージに落ち着いたのでしょう。

　私たちの学校は Capellagården にする！とマルムステン夫妻がローマの小さなレストランで、相席の人たちと乾杯をしながら叫んだという逸話があるそうですが、素敵な名前を考えついたと満足したのでしょうね。

　現在、スウェーデンで芸術活動を行なっている者ならばカペラゴーデンの名前を知らない者はないほどです。

参考文献
Capellagårdarnas förbundsårsbok1961-1962
Capellagårdarnas förbundsårsbok1974-1975
Capellagården - om arvet efter Carl Malmsten

はずです。もちろん、一発でそうはなりませんので、扉の周囲を削るなりして調節することになります。

　後は鍵の取り付けを残すのみとなったところで、この戸棚と合わせて準備を進めていた職人試験受験の前に、つらい現実がそこまで迫っていました。

子供家具

　小さな戸棚の製作を進めながら、職人試験で作る物を考えることになっていました。ちょうどこの頃、妻の妊娠が判明していたこともあり、僕は子供が将来に使用するであろう家具を職人試験作品として作りたいと思うようになっていました。3、4歳くらいの子供向けで、職人試験に必要な条件（引き出し、扉など）を満たしたシンプルで分解も可能な物を考え始めてみました。

　まず、材料は松。安価な材料ですが、触り心地や、柔らかさなどは子供家具にとても適していると考えました。楔（くさび）を使用することで、分解可能な簡単な構造にしています。これらのアイデアはデンマークのウェグナーがデザインした子供家具と似ています。当初はIKEAなどの家具メーカーのカタログを片っ端から調べ、子供家具の基本寸法を割り出しました。成人向けの家具は日本と欧米では体型差の分、サイズが少し異なりますが、子供の時点では大差ないようです。

　大ざっぱな試作を作ってから、椅子の背もたれや、机の脚の処理などのデザインを決めていきました。卓上には2段の引き出しと扉が付いた箱を置き、これらはオモチャ箱となり、床で遊ぶ時などにはそのまま持っていくこともできると考えています。

　そして11月初め、他の学生の案件と共に中間発表が行なわれました。現役のデザイナー数人を招き、意見をもらうことが狙いです。ここで僕は、「職人試験のための家具ならばもっと難易度の高い物を作る方が良いのではないか？」と指摘されてしまいました。家具としては問題ないが、受験作品としては向かないのではないかという意見だったのです。翌日、もう一度先生たちと相談することにしました。

　さて翌朝、木工科の先生二人と話し始めました。しかし二人の様子は普段とは少し違っていました。子供家具をどのようにするか少し話した後、彼らは唐突に「今年は受験を見合わせることを勧める」と言い出したのです。

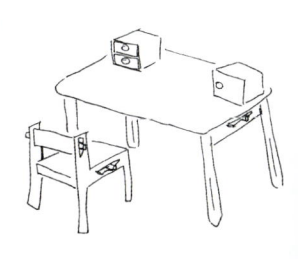

急ブレーキ

彼らの考えと僕への提案をまとめると、

1. 僕が作ろうとしている子供家具での受験は、カペラゴーデンの学生のものとしては相応しくない。もっと難易度が高い技術を要する物にしてほしい。課題作品を一から考え直すのではもう遅い（時間的には無理ではないが他の学生と同じだけの熟慮はできなくなる）。
2. 他の3年生と比べて、僕は技術、知識、経験などがまだ少ない。
3. 他の皆は3年次が始まってすぐから試験課題に取り組んで熟考しているが、僕は練習のための戸棚を作ったりしていて、他の皆と比べると試験へ向けた準備が少ない（戸棚の製作がいけなかったという意味ではない）。
4. 職人試験締め切りと、僕の妻の出産予定期が重なっている。締め切り直前には多大なストレスにさらされるのが毎年の常だから家族に対するリスクがある。

まあ、いまになって思えば僕の技術経験不足が主要因でしょうが、当時の僕はこのような事態を考えていなかったので、当然ながら多少の動揺がありました。とはいえ、冷静に僕の考えなどの話をし、少し考えてみることにしました。その後、妻や日本にいる父、他の3年生とも話をしてみました。

3年生などと話してよくわかったのはカペラゴーデンの職人試験の格付け。他の学校や工房で受ける職人試験とはレベルの次元が違うのだそうです。そして、先生も彼ら学生も決まって言うのが、職人の肩書きはスウェーデンでは重要ではないので、あまり気にするなということ。試験に合格しても仕事が簡単に見つかるとか、給料が上がるというわけでもないそうです。むしろカペラゴーデンの卒業証書の方が強力じゃないかと言うほどでした。

しかし、僕はそれに対し少し異論を唱えました。皆さんもおわかりかと思いますが、日本では国外（特に欧米）の職人など

の肩書きを持っているだけで、非常に有利になり得るのです。スウェーデンよりもはるかに人口が多い日本（スウェーデンの人口は800万人ほど）で、木工を仕事として生き残っていくためには、ステイタスとなりえる物を持っていると大きな強みになるのです。実際は資格を取得しても何ができるかは本人次第なのですが、少なくとも日本では肩書きとしての力を持っています。ということで、取っておいて損はないわけです。

　二日後に再度、先生二人と話をしました。まず最初に伝えたことは、受験に未練はあるが、今年は実力アップに努め、いずれまた試験に挑戦するのも悪くないと考えているということ。それに試験のことを考えずに済むことで、生まれてくる子供と妻だけに集中できることも良いと考え始めていることを話しました。

　ただし、僕はスウェーデン人ではありません。カペラゴーデンを卒業したら、もうチャンスは二度とないかもしれません。そこでカペラゴーデン卒業後に職人試験の受験を再度目指すとしたら、たった一つの選択肢として、「スウェーデン最高峰の学校である、カール・マルムステン・スコーラ（現マルムステンCTD）」しか考えられませんでした。ようするにマルムステンCTDへの入学を目指すということです。ここならばカペラゴーデンと比べてもまったく遜色なく、今回の職人試験受験を見送るだけの意味があると考えました。

　先生たちは僕のこのような考えを予測してはいなかったようです。その僕に対し彼らからの提案は、今年の残りをカペラゴーデンの学生としてのクオリティーで時間を費やし、技術向上に努めてほしいとのこと。卒業までの7カ月間、良い仕事を成し遂げることができたら、優秀な学生だと推薦すると言ってくれたのです。それに見合う課題を問うと、マルムステンの戸棚の製作を勧められました。マルムステンのデザインした戸棚には、カペラゴーデンで目指すべき職人試験と同等の難易度と製作時間が必要だと言われ、自分に課す課題として不足のないものだと思いました。

　さっそくその戸棚の図面をもらい、準備を開始。卒業までにさらに家具設計製図と、マルムステンの椅子製作も僕自身への課題としました。

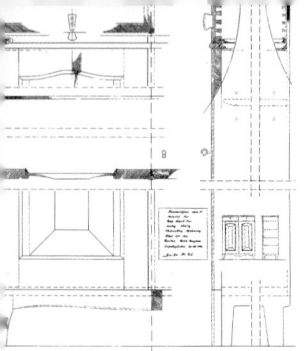

前向きな性格も手伝って、あっさりと考えは変わりました。試験を見合わせることは僕にとってプラスになるはずだと思い始めていたのです。マルムステンCTDでもっと勉強できる（かもしれない）なんて、考えようによってはワクワクしますよね。
　というわけで、しばらく回り道（実際はそんなことはありませんでしたが）をすることになり、試験に対するストレスはなくなり、新たな目標ができたのです。
　この出来事は僕にとっての大きな挫折、壁に突き当たったという表現もできるのですが、当時の僕はこれをひとつのステップだったのだと言えるようになりたいと考えるようになっていました。実際、これは僕にとって大きな転機となり、たくさんの素晴らしい経験を積むことができました。この件がなければ、いまはどうなっていたのかむしろ心配になるほどです。
　ここまでが僕のスウェーデン生活の序章だったと思っています。
　そして、職人試験を見合わせるように言われた2日後、日本から興味深い問い合わせが届きました。

テレビ番組の撮影

　職人試験の受験を認められず、ショックを受けた2日後、日本からあるメールが舞い込んできました。テレビ番組の制作会社からで、海外に住んでいる日本人家族を取材したいとの内容でした。まるで僕の現況を知っているのではないかと思えるほど抜群のタイミングでした。
　2度ほどメールでのやり取りをした翌日、早くも日本から挨拶の電話がかかってきたのです。まさかこんなに早く連絡があるとは予想もしていなかったので驚きました。そしてその翌日には番組制作担当の方から国際電話があり、カペラゴーデンのことや、普段の生活について話し、さらについ数日前に起きた事柄のあらましを説明しました。その後今度は番組のディレクターから電話を受け、それまでに話したことを含めていろいろな質問がありました。複数のスタッフが電話の向こうでスピーカーを通して聞いているというので少し緊張しました。これらのインタビューを行なって、企画を煮詰めていたのでしょう。

「職人試験を断念して、新たなことに挑戦し始めた日本人」というのは、「海外で頑張る日本人」をテーマとする番組にとってはうってつけだったようで非常に興味を持たれました。「その話、いただきです♪」と言ってましたからね（笑）。始めたばかりの戸棚製作の様子と、完成して先生にチェックを受けている場面をぜひ撮りたいとのことでした。撮影は1、2ヵ月後くらいかなと思っていたら、なんと2週間後（11月終わり）にはこちらへ来るというのです。展開の早さにちょっと驚きました。

　撮影時までに戸棚を完成させるのは無理でしたので、引き出しを作り終えて先生からのチェックを受けているシーンを番組のクライマックスにすることになりました。時間的にはちょっときつかったのですが、この段階以前には見せ場がなさそうなので、頑張って間に合わせることを伝えました。職人試験のプレッシャーから解放されたと思っていたら、今度は別の意味での、緊張の日々が始まりました。

　とりあえず撮影当日までに僕がしておかねばならないことは、戸棚の本体を組み上げて、引き出し製作の準備をすること。無駄な材料取りをしないように気をつけ、本体を的確に組み上げます。引き出しが入るスペースが正確に加工（左右の壁が平行になっていること、高さが一定など）されていないと、引き出しの使い勝手に大きな影響が出るだけではなく、調整にも時間を割かれてしまうので、この段階で上手く組み立てておくことが必須でした。

　海外で生活する家族を紹介する番組なので、来たる春（撮影後）に生まれる予定の子供についても番組で触れることになっていました。すでに安定期で特に何も予定がなかったのですが、地区のマタニティーセンターにいる助産婦さん（妊娠時から妻を担当）へ連絡をして諸事情を告げ、特別検診の時間を用意してもらうことになりました。

　木工科の先生にもテレビ撮影が行なわれることになったことを報告。戸棚製作の経過チェック風景を撮影したいと言われていることを伝えると、嬉しそうに了解してくれました。でも、「テレビ撮影があるからとはいえ、無理しすぎて出来に妥協するようなことにならないように。間に合えばチェック風景を撮

ればいいし、間に合わなければその時点でやっている作業を見てもらえばいいのだからね」との助言でした。プレッシャーにならないように言ってくれたことは嬉しかったです。

　戸棚の側面（左右の板）は、一枚の材の厚さを半分に割り、本のように開いて接着し一枚の板としています。こうすることで、幅が大きくなるだけでなく、左右対称の模様が木目として現れます。模様（木目）の綺麗さと、節（ふし）などの汚い部分を極力含めない材料取りを心がけていたのですが、どうしても取り除けない節が出てきてしまいました。残念だけど、自分で使う予定の戸棚なので妥協（売り物として作っている場合は問題になり得る）することにしました。新たな材（樹種は同じでも、同じ木ではない物）を追加すると、コストと時間がかかるだけでなく、色味も違ってしまう可能性が生じるからです。

　撮影隊（ディレクターとカメラマン）はカペラゴーデンの敷地内にあるゲストハウスに宿泊し、食事も校内の食堂で食べられるように手配をしておきました。学生たちとまったく同じ生活を体験することは番組制作にとっても有益だろうと思ったからです。そして、あっという間に撮影隊の到着日になりました。しかも深夜の到着！　僕の車で最寄りの空港まで迎えに行きました。

　カペラゴーデンは週末は基本的に休みなのですが、僕は工程を進めるために作業を続けました。撮影隊は近くのレストランや島の風景を撮影していたようで、僕は作業に比較的、集中できました。しかし休み明けの月曜日からは一変。普段の学校生活が始まったので、校内での撮影が中心になったのです。カメラマンは携帯式の強力なライトを照明として活用しながら撮影を進めていました。非日常の始まりです。

　引き出しの材料取りは撮影隊の到着までに終わっていましたが、製作過程の要所を撮影できるようにと、わざと組み手の加工工程を残しておきました。このように最初のうちは余裕があったのですが、案の定、そこから先は緊張の連続でした。撮影最終日の朝（先生のチェックが行なわれる日）に間に合うためには、手間取っているほどの時間は残っていなかったのです。ミスなく無難にこなせるようにと、自分自身に言い聞かせながら集中して作業を進めました。

しかし、前日の晩にはカメラがずっと目の前に待機するようになり、休憩もままならないという、強烈なプレッシャー（良い意味での）の中で作業を進める羽目に陥りました。接着工程ではこんなこともありました。僕が物を取りに工房内を走ったら、なんと撮影隊も僕の後を走って追ってきたのです。周りで見ていた学生にとっては滑稽な光景だったようで、後々も笑いのタネとなりました。30分の番組を撮影するには最低でも300分くらいの素材が必要だそうで、常にカメラを向けられていた印象が残っています。

　引き出しの接着が済み、やっと形になったので、試しに引き出しを本体に取りつけてみることにしました。しかし、うまく納まりません。思わず焦りの表情を浮かべたら、待ってました！とばかりにカメラを向けられることになってしまいました（しっかり放映されました）。冷静に考えてみれば大した問題ではなかったのに、この高緊張下では判断力が鈍っていたようです。軽く調整（最初はサンドペーパーで削ろうとしましたが、鉋を一掛けするだけで十分でした）をして、引き出しが納まった時点で工房に残っていたのは僕一人だけ。既に12時近い時間になっていたことと、疲れがピークに達していたので、ひとまずこれで終了とすることにしました。確信はありませんでしたが、きっと翌日のチェックは大丈夫だろうと考えたのです。

　翌日10時の休憩時間に、学生たちの前で先生によるチェックが行なわれました。普段は行程ごとに軽く確認くらいはしてもらうのですが、皆が見守る中でというのは初めての状況でした。緊張の場面が想像されますが、実際は朝一番に引き出しの動作を調整しておいたので、特に大きな問題なく無事にOKをもらうことができました。当然この間もずっと撮影されていたので、やっと一安心です。気が抜けたのか途端に疲れが出て、その後は自室で夕方まで熟睡してしまいました。夕食時に校内へ行くと、疲れからダウンしたのかと皆から心配されました。まあ、似たような感じだったのでしょう。とはいえ、こういう普通ではない緊張下での経験も悪くないものです。

　僕が休んでいる間に先生へのインタビューも行なわれていたようです。その中で、「イクルへの評価が変わりましたか？」という質問に、「いや、いままでと変わっていないよ。できる

ことはわかっていたが、彼がいままでそれを見せていなかっただけのことだよ」と答えたと聞き、うまいことを言うなあと思いつつ、嬉しくもありました。

　翌朝にも少し撮影をした後、撮影隊は日本へ帰っていきました。アッという間の数日でしたが、なかなか貴重な体験をすることができたと思います。

　そして1カ月後になんと全国放送でテレビ放映。もちろん僕はスウェーデンにいるので放送を見ることはできませんでしたが、やはりテレビの反響はとても大きく、日本の実家では番組開始と共に、夜まで電話が鳴り続け、夕食もろくに食べられなかったそうです（笑）。

　僕がようやく放送を目にすることができたのは約1カ月後。ビデオを入手し、校内の図書室で見ました。「まだまだ未熟な若い青年」と感じる内容にまとまっていましたが、なかなか面白く楽しめました。

　僕のスウェーデンでの生活を紹介できたこと、たくさんの方にご覧頂けたことは本当に良い経験でした。番組の撮影、制作をしてくださった皆さんにもお礼を申し上げます。

戸棚完成へ

　テレビ撮影も無事終わり、のんびりとしたいところですが新たな目標（マルムステンCTD受験）へ向けて気を休めている暇はありませんでした。戸棚の本体と引き出しまでは形になっていましたが、まだまだ残っている工程がたくさんあったのです。

　まずは、棚板。これは戸棚本体と同じ無垢材ではなく、合板として作ることにしました。職人試験と同じ難易度を満たすためには、どこかに突き板を用いた合板を使わなければならないからです。大きな棚板だったので、むしろ合板の方が好都合ともいえました。合板製作はこれまでに経験してきた方法と同じです。本体の松材に近い色味の突き板を選び、芯材（複数の松の棒と、両面を挟んでそれを固定する突き板でできている）の両面に貼り付けました。

　しかし、ここで問題が発生。芯材の松を固定するために貼っ

てある突き板の色が濃かったために、表面の松を通して下地の色がうっすらと見えてしまったのです。言わなければわからないくらいの違いではあるのですが、もう気になってしょうがありません。結局、もう一枚の突き板を表面に貼ることでこの問題を回避することになりました。今後のためにも良い教訓となりましたが、完全に油断していました。突き板の厚さは約0.5ミリと厚い方ではあるのですが、それでも透けてしまうのですね。

　そして、次がこの課題最大の難関だと思っていた扉の製作です。枠を作って、内側に板を付ければ扉の体裁となりますが、マルムステンはそんな安易なデザインにしてくれませんでした。この戸棚の特徴になっていると言っても過言ではないほど、ディテールに溢れているのです。要するに作るのに非常に手間が掛かる構造という意味です。

　たとえば、枠が組み合わさる面が完全な直線ではなく、ごく一部を45度に加工する点（一番上の写真）。ここは機械での加工は無理なので、手作業が必要でした。生産性を考慮すればここは直線としてしまって、工程を楽にするのですが美しさを重視したマルムステンはそのようにはしていません。彼は工業生産向けの家具もたくさんデザインしていました（とは言っても、現代の大量生産家具と比べればはるかに凝った作り）が、この戸棚はそこまで簡素な設計にはしなかったのでしょう。

　ギリギリまで機械を使い、最後に手道具で仕上げるという現代的な手法（要するに結果が同じクオリティーならば、すべてが手加工でも機械加工だとしても差はない）を身をもって学びました。これまでならば、もっと手加工に重きを置きそうでしたが、今回はいかに手際よく作業するかにこだわりました。その後、枠の内側になる板（鏡板）をはめ込んで完成としたかったのですが、ここでも鏡板を押さえて固定する材の成型が必要でした。綺麗な家具を作るにはそれだけ手間がかかるのです。

　体裁が整っても、このままではまだ扉として機能しません。扉の開閉と施錠ができるように蝶番と鍵の金具を取り付ける工程が残っています。裁縫箱を製作した際に紹介していますが、金具をただネジ留めするのではなく、最高の動作をするように綺麗に取り付けます。戸棚本体と、扉の枠両方に金具がピタリ

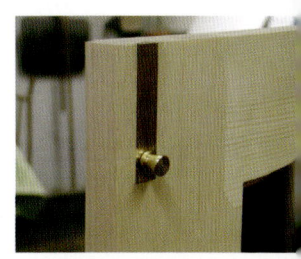

と入る溝を作り、金具と同じ真鍮のネジで固定し、さらにヤスリで表面を削り落として平面加工もしています。

　鍵の取り付けも基本的には同じなのですが、少し難しかったのが鍵穴の加工。鍵穴の形になっている真鍮棒（イメージとしては金太郎飴）はあったのですが、厚み（長さを切るだけなので簡単）と鍵の入る穴は自分で加工しないとならないのです。大まかな穴を掘ってから、ヤスリを使って形を整えました。最後にこれを扉に埋め込んで完成です。

　蝶番と鍵ができ上がったことで、ついに扉を戸棚本体に取り付けられるようになりました。ここまで来れば完成も間近で嬉しくなりますよね。でも、まだまだトラブルは発生するのです。扉一枚の状態では問題なくても、2枚の扉と本体の重なり合いからすんなりとは扉を閉められませんでした。各金具の微

調整も必要でした。これは写真や文で説明するのは難しいのですが、0.5 ミリくらい取り付け位置を動かすためにねじ穴を加工し直したりと、非常に手間がかかりました。

　現代の汎用性が高い家具用の金具ならば調整機構が付いているのですが、今回の金具にはそのような仕掛けはありません。上手く取り付けられればよいのですが、調整が必要となると途端に面倒になるのが難点です。とはいえ、美しくまとまるように取り付けられれば最高に気持ち良いですね。

　金具の取り付けには手こずりましたが、カペラゴーデンでのこの 3 年間に作ってきた物の中でも一番満足いく出来でした。材料の吟味方法や扱いについて多くを学べましたし、またテレビ取材を受けるという貴重な体験ができたこともよかったと思います。

目指すもの

　テレビ放映の後、ある方々から連絡をいただきました。
「ホームページの更新やメールマガジンの発行はかなり手間と時間がかかります。いま優先すべきは何なのかを判断され、残りの貴重な留学生活を送ってください」
「腕を磨くことに集中してほしい。勉強中のいま、作った物を世間へ見せる必要はないし、HP を作ることなどいつでもできる。(さらに、過去のカペラゴーデンの日本人の名前を出し)、彼らがやってきたこと(職人資格を取得すること等)をキミはまだできていないわけだから云々」

　もっと要約すれば、「ネットなんてやっていないで、手を動かせ」ということでしょう。

　当然ながら、こんなことを言われて納得できるほど僕は人間ができていません。正直なところ、屈辱的でしたし、非常に不愉快に感じました。じゃあ、その人たちと付き合いをやめればいいじゃないかと言われそうですよね。とは言っても、僕にはそこまでできるほどの実力的裏付けがあるわけでもないし、こんなことで知人を減らすのも賢くないとも考えました。

　いまになって思い返せば結構冷静だったとも感じますが、僕にとっては自分自身の考えをまとめる良いきっかけとなりました。

○ 留学

　僕の曾祖父（医学者でした）がドイツ留学をした頃（明治・大正時代です）には限られた人物しか海外に出ることができませんでした。渡航はもちろん船。おそらく出港時には見送りの人たちによる激励の万歳があったはずです。未知の世界への旅立ちだったでしょうし、次に連絡できるのはいつになるかもわかりません。下手したら二度と日本の土を踏めない可能性さえ考えられます。そして、現地では日本の情報は皆無に近かったはずです。ほかにも僕には想像できないような苦労もあったことと思います。だからこそ、帰国すれば郷土の英雄です。実際、曾祖父はそれだけのことを成し遂げました。

　僕の両親がドイツにいた頃（1970年代前半）にもまだまだ海外滞在は特別なことでした。郵便で手紙を出しても返事が来るまでには何週間もかかります。電話は6年間の滞在中、母の祖母の訃報が届いた時の一回限りだと聞いています。航空券が非常に高いので、渡航前の下見など考えられないことですし、滞在中は一度も帰国することはありませんでした。届く荷物は当然船便。その中に詰められている新聞の日本語を舐めるように読んだそうです。

　では、僕の場合はどうでしょうか？

　現代の日本人にとっては留学は決して珍しくありません。はっきり言って誰でも外国へ行くことができます。インターネットのお陰で日本の情報をリアルタイムで知ることができます。一時帰国をしようと思えばいつでも帰れるほどに渡航費用も安くなっています。Eメールがあるので手紙を書く機会はほとんどありませんし、電話に至ってはタダ同然です。こちらでの生活をネット上に載せることも簡単です。

　住んでいる場所は外国ですが、いまは所詮それだけのことだと僕は考えます。単に日本から遠くて、言葉が違う場所にいるだけなのです。僕がスウェーデンに来たのは「学びたい場所（カペラゴーデンのこと）がスウェーデンにあった」だけであり、「スウェーデンで学びたいから来た」のではありません。もしカペラゴーデンが日本にあったら、そこへ行っただろうと思います。

留学しているからとはいえ、木工に勤しまなければいけないということも少しも考えません。木工をやり、なおかつ新たなことを身に付けるべきでしょうし、それくらいできないようではまったく意味がないと思います。

　さらにもう一つ。留学していたからすごい人だと思われるようにもなりたくありません。日本では海外経験がステイタスのように語られたりしますよね。しかしそれが本当に意味ある時間を過ごしていたことの証明になるとは限りません。留学していたからすごいのではなく、そこで身につけこと、学んだこと、感じたことを今後も実践できる人物になれるようにしたいです。

　肩書きだけであとは何もしないままの人ではなく、そこから新たに精進しなければなりません。いずれスウェーデンでの勉強が終わったとしても、僕はそこがゴールではなく、スタートなのだと思いたいのです。

○ **インターネットでの活動**
　さらに僕のウェブサイトについて話したいと思います。僕は片手間でサイトを作ったり、情報発信をしているつもりはありません。木で物を作るのと同じで、コンピュータを使って僕の作品の1つを作っているのです。留学中だからサイト製作に時間を割いたりするなという指摘にはまったく同意できません。

　98年末から僕はサイトの製作を始めたのですが、当時の僕が作っていた木工作品はかなり稚拙な出来でした。それでもいろいろな方の目に触れる可能性のあるインターネットはとても魅力的に感じました。たくさんの方に僕がやっていることを知っていただけたわけですし、結果的にこの本を執筆するきっかけともなりました。気の長い投資活動がやっと形になってきたのでしょうか。一番の履歴書、作品集であり、これからも将来への糧になると思っています。

　木工を始めた頃もそうでしたが、ウェブサイト構築に関してはすべて独学で覚えました。取扱説明書と数冊の書籍だけが先生で、とにかく何度も何度も使って試して覚えていきました。普段から頭の中でアイデアを考えているようなところは物作りの考え方とも似ていて、ひらめいたことがあるとすぐに試した

くなります。コンピュータの未知の機能を知ることも、木工作業で新たな加工技術を会得することも同じように楽しいです。

　コンピュータを使って自分自身を表現することは、これからの時代には必須の技術だと思いますし、できないといけないでしょう。「私は文系の人間だから」とか、「デジタル機器は苦手なんだよね」なんていうのは言い訳に過ぎません。よく、知人友人からも面倒くさがらずに、よくやるよねーと言われますが、サイトの製作は僕にとっては手間も苦痛もありません。むしろ楽しんでいます。

　スウェーデン生活を多くの方にご覧頂き、さらには意見を述べるからには、自分自身にも厳しくならなければなりません。また、間違ったことをできないという大きなプレッシャーにもなるわけですが、どこまで頑張れるかを試す良い意味での刺激となっています。永遠に完成しないウェブサイトの構築を通して僕自身を表現していきたいと思います。

○ **これまでの日本人学生と僕**

　いまの僕はまだまだ実力不足とはわかっていますが、過去の人たちがやってきたことをやっていこうなどとはまったく考えていません。すでに僕は違うベクトルで進んでいると思っています。人と同じことをしているようでは得ることも少ないでしょう。

　僕はスウェーデンへ日本の技を伝えに来たわけではありません。ひとりの学生として、家具の製作を学びに来ています。日本人らしいデザインや作り方（たとえばすべて手道具のみで製作）にこだわる気もまったくありません。いまの僕にはそれよりも知るべきことがもっとあると考えています。

○ **まとめ**

　このように偉そうなことを述べていますが、もっと勉学に励み、ちょっと予定が狂ってしまった職人資格に再挑戦することなど課題はまだまだあります。僕が将来どうなるかはまったく予想がつかないのですが、僕は木工技術だけの人物にも、単にスウェーデン留学していただけの人にもならないつもりです。もっといろいろなことをできるようになること、それこそが本

当の僕の肩書きになってくれるはずです。

　僕は手で物を作ること、道具を使うことを軽く見ていることはありません。非常に大事なことと思っていますし、それができてこそ、またそれらについて話せるのでしょうから。

　とりあえずのこの時点で一番の目標はストックホルムのカール・マルムステン CTD へ合格することです。志願理由と提出した作品集には、木工作品についてだけではなく、ウェブサイトやネット上での活動も記しました。僕の作品なのだから当然ですよね。

須藤生のウェブサイト
http://www.ikuru.net/

椅子の生地張り実習

　カペラゴーデンでは時々、ゲストティーチャーを招いて１週間くらいの短期特別コースが行なわれます。木工旋盤もそうでしたが、今回はその他に興味深かった二つのコースを紹介します。

　僕が楽しみにしていたのが、椅子座面張りの特別講習でした。講習までに張り替えをしたい椅子を用意しておくように言われていたので、夏の旅行時にコペンハーゲンで見つけておいたフレームだけの椅子を持ち込みました。参加者は木工科とテキスタイル科の希望者です。

　僕にとっては、この時が初めての座面製作だったのですが、座面下のベルトの張り具合や詰め物の加減など、どれくらいが適当かは全然わからないので、その度にコツを教わりながら、作業を進めていきました。もちろん今後のために過程を細かく写真に収めつつ。

　簡単に工程を説明すると、まずは土台となる座面下側を仕上げ、上部には馬毛などの感触が柔らかく良い物を詰め、最後に表面となる化粧布をかぶせます。と、書くだけならば苦労はないのですが、加減が慣れない者にとっては本当に難しいのです。

　作業過程では、布をある程度の張力で仮留めするために待ち針を大量に使用するのですが、この針の打ち方も意外と難しくて苦労しました。誤った打ち方だと張力を保つ効果がまったくなく、簡単に抜け落ちてしまうのです。逆に正しく刺せれば、かなりの強い力がかかってもその場でしっかり抑え留まってくれるのです。

　布は断面が四角になっている釘を使用して固定します。現代的な手法として、タッカー（ホチキスのような物）で留める簡単な方法がありますが、今回は伝統的な手法を教わりました。磁気を帯びているハンマーの先端に釘を付け、狙いの位置へコンッと釘を打ち込みます。しかし、片手でこれを行なうので、なかなか難しいのです。ハンマー先端で釘を拾うように取り、その際には一本の釘が正しい向きで付いている必要があるので

す。これができないと、もう片方の手（ハンマーを持っていない側）で釘の向きを変えることになり、手間が増えるんです。講師の先生はさすがに上手で、釘を拾ってトンッ、釘を拾ってトンッとリズム良く作業が進んでいきます。が、僕などは釘を拾うこと自体が大変で、すぐに2、3個まとめて付いてしまったりするんです（笑）。

　詰め物（植物や馬毛を使います）の収め方にもいろいろと技術があることを知りました。内部に単に詰め込まれているのかと思っていたのですが、実際は紐を張り巡らせて、その下にこぶし大の詰め物を配置していきます。こうしておくと、長い間使用した後でも詰め物が偏らないようになるのだそうです。現代の家具はウレタンフォームで代用していますが、そのような素材がなかった時代の知恵と工夫がうかがえました。座り心地や通気性などもとても良いんですよ。

　最終的に化粧用の布をかぶせますが、これも注意が必要です。特に柄物になると模様のバランス（例、左右対称）や、座面の角に来る部分の処理（折り目など）が難しくなります。先生曰く、ここが美しくできていないようじゃダメなんだそうです。奥が深いですね。

　この椅子は現在もずっと使用していますが、当初は固めだった詰め物がちょうど良い具合にへたって、しっくりと座り心地が良くなってきました。新品の状態より、使い込むことで体に合うというのが伝統的な工法によって作られた家具の魅力かもしれません。

　座面張りを教わる機会はなかなかないので、基本を学べたのはとても良い経験でした。しかし、このちょっと後に学び始めた、ストックホルムのマルムステンCTDの家具生地張り科のレベルの高さを見て愕然。ヨーロッパではこの分野だけで仕事が成り立つことが良くわかりました。

工業デザイン手法についての実習

　カペラゴーデンの木工科では家具製作を主に学びますが、家具を設計するのに必須であるデザインの集中コースが開催されました。僕たちが作る家具は注文主に対する個別生産で特注品

に近いのですが、不特定多数の消費者が使う製品を作り出す工業デザイナーが講師です。工業デザインの手法について学びました。

　まずは立体像の作図演習などを行なってから、実践的な話へと進んでいきました。特定の者をターゲットに作る製品（僕たちの仕事はここに近い）と、不特定多数が使用する製品（工業製品）を考え出す際のアプローチの違いがわかりますか？基本的に同じような過程を経ていくのですが、工業製品の場合はさらに商品開発の時点で、あらゆる要素を検討しなければなりません。たとえば、使用者の年代、使用環境、市場、色彩、クオリティー、安全性、スタイルなど。それらに見合う販売価格を実現するための技術的妥協点はどれくらいかを判断しながら何度も議論が重ねられ、やっと製品へなっていくのです。

　これらを実践するために、毎日の授業の終わりに課題が出されました。テーマだけが与えられ、購入者のターゲットや大きさ、構造、値段などの考えは自分たちでまとめて発表するという内容です。期日は翌朝。要するに放課後の時間を使って考えをまとめなければいけません。4人1組のグループで、講義で学んだようにアイデアを出し合って、一つ一つの要素が必要か否かを議論し、模型などを用意して発表の準備をしたのです。限られた時間の中で素早く判断をまとめ、行動に移すというのは新鮮な経験でした。

　課題のいくつかを紹介しましょう。

○ **下駄箱**

　まずはスペースの節約を考慮して、縦型の下駄箱を考えました。しかし、雨や泥がついている場合は下段の靴を汚す可能性があるという意見が出て、今度は横長の棚の方が良いのではないだろうかと考えが変わりました。さらに上に座って靴を履けるように座面を付けるなどの基本的なアイデアを固めました。想定する購買層はもちろん一般家庭。その後は、家族構成に見合う大きさはどれくらいか、強度を出すには素材は何が良いか？高価になりすぎないか？と議論が続いた後、小さな1/10模型を作りました。

　そして僕の出番。模型の写真を撮り、靴と人物像を合成して

印刷。かなり適当な画像処理でしたが、それでも雰囲気や伝えたいことは十分にわかります。コンピュータを使うなり、スケッチを見せるのだとしても、顧客にイメージを的確につかんでもらえるプレゼンテーションは重要ですね。

○ **薬箱**

　一般家庭で必要な物（常備薬や、ファーストエイドキット）をきちんと収納する物を考案するように指示されました。4人でまずはアイデア・スケッチを見せ合って、お互いの考えの良い点、問題になるかもしれない点などを書き出して、グループとしてのアイデアをまとめました。

　清潔感を出すためにケースはアルミ（もしくはステンレス）。そしていつも決まった場所にあるように、壁に取り付けられることを基本方針としました。緊急時に持ち出せることも大事そうですが、怪我をしてうろたえている時でもすぐにわかる同じ場所にあることの方が大事だと考えたからです。

　ちょっと時間の余裕があったので、見ただけで欲しくなるような素敵な広告を作ることにしました。そこでまずは手近な雑誌をチェック。目に留まったのは液晶テレビの素敵な広告。さっそく拝借（冗談として）し、見事に薬箱の広告に生まれ変わりました。発表後に広告を公開。もちろん大受けでした。

　短期集中コースで実習課題もたくさんあり結構疲れましたが、集中して課題に取り組むことができて楽しかったです。工業デザインとは言っても、僕が目指す仕事でも十分に応用可能で勉強になりました。

家具の設計製図

　職人試験受験を思いとどまることになってから新たな課題として家具の設計を希望しました。職人試験を続けていれば、受験家具の考案から、製図、製作まですべてを行なえますが、僕はこのうちの設計製図を学びたく思いました。これまでいくつもの家具を作ってきましたが、しっかりとした製図作業を経験していなかったからです。

　まずはどんな家具にするか、アイデアを形にすることから始め、「これまでに作ったことのない種類の戸棚」が最初に浮かびました。また、職人試験で必要な要素が含まれている物にすることも必須と考えました。やっぱり職人試験で提出する図面と同じだけの品質の物にしたかったからです。

　そこで考えたのが、上段の引き出しが出し入れにちょうど良い位置になる、高さ1メートルちょっとの戸棚。引き出し正面と扉は波打たせることとし、この戸棚一番の特徴としています。写真からもわかると思いますが、扉が波打っているために、左右の引き出しは前板の下に指を入れる隙間（これが取っ手となります）が生じ、扉は中央上部に取っ手用のスペースができます。そして、真ん中の引き出しは鍵を使って取り出すように考えています。

　考えがまとまってからは、細部を煮詰めることに移ります。曲率や、引き出しの高さなどを立体模型と立体図を用いながら、バランスなどを含めて再検討を重ねていきました。立体図はベンチ考案時に覚えた CAD を使って描いてみることにしました。これだとサイズの変更や各数値の算出なども比較的容易に行なえます。

　そして製図作業を始めました。今回は CAD 製図ではなく、製図ペンを使って紙に描くことにしました。CAD 製図の方が将来的には必須とわかっていますが、この時の僕は手による製図にこだわってみました。どちらの手法も経験しておくことが大事だという表向きの理由と、単に製図ペンを使いたいという欲があったからなのです。ペン先から流れ出してくるインクでスーッと綺麗な線を引く快感はコンピュータ上では絶対に得ら

れない感覚です。

　しかし、紙に描く製図ではCAD製図と比べて断然不利な点があります。修正が必要になった場合、瞬時にやり直すことができないからです。コンピュータ上ならば、選択した範囲をコピーして、貼り付けるか、削除するだけで済みますが、製図板上では消してからもう一度描かなければなりません。はるかに時間がかかってしまいます。なるべくこうなるリスクを減らすように描いていくのも一種の技術ですね。

　図面を見るだけでどのような家具かが一目瞭然であることが家具図面には求められます。とは言っても、構造を丸々描けば良いというわけではありません。基本的に原寸大で描きますので、用紙に収まるように必要な部分だけ（たとえば左右対称の戸棚ならば、左半分）を示すことになります。それらに鍵や蝶番などの配置、合板の構造などディテールをわかりやすく描き足していきます。

　各部位の図がまとまってから、再度レイアウトし直します。この段階までの図をパーツごとに切り出して、再配置することで全体の様子がわかりやすくなります。ここで大事なことは見

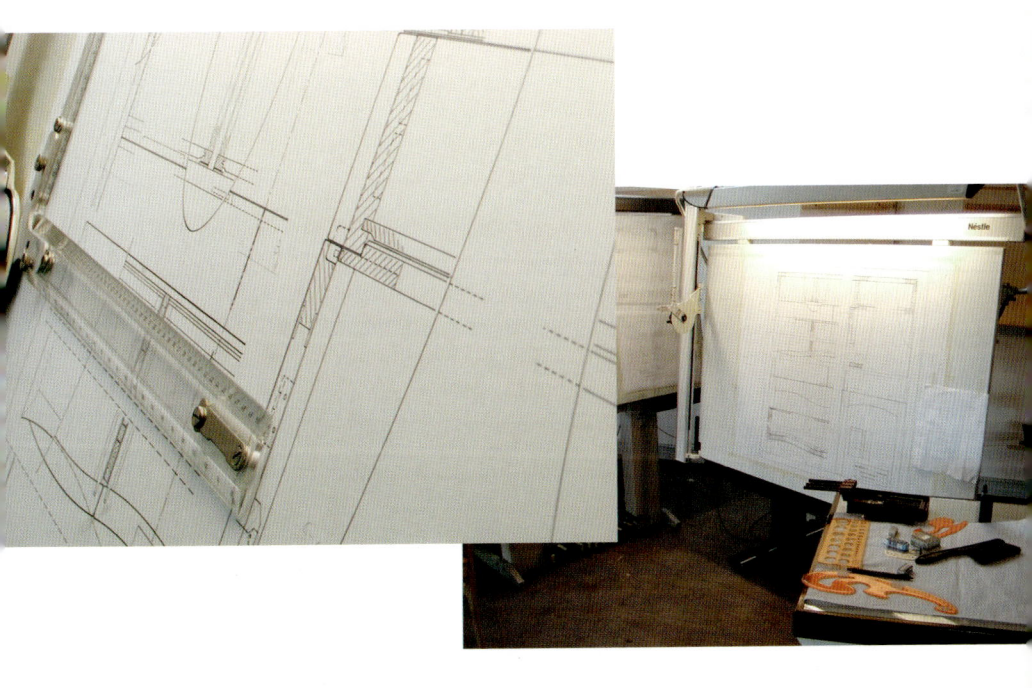

た目の美しさ。家具の構造が完璧にわかっても、図面全体が左下に片寄り、隙間が全部バラバラでは見苦しいからです。上下左右の隙間や、作図、描線に一定の秩序があれば、それだけでも綺麗にまとまってきます。

　これらのこだわりは、設計から製作まで一人ですべてを行なう者にとっては気にすることはないかもしれません。しかし、将来その作品を誰かが修復したり、再製作することになったらどうでしょうか？　誰が見てもわかりやすく、かつ美しい図面を残しておくことの意味がよくわかりますよね。不幸にも火事に遭い、家具は重くて持ち出せなくても、図面さえあれば何度でも作り直せるのです。ある意味、家具を作るよりも重要と言えるでしょう。製図はそれだけで一つの芸術だと僕は思っています。

　この戸棚、図面は描きましたが製作はしていないんです。いずれ作ってみようと思っています。実物を作ることでさらに改良点が見つかるかもしれませんしね。楽しみです。

77

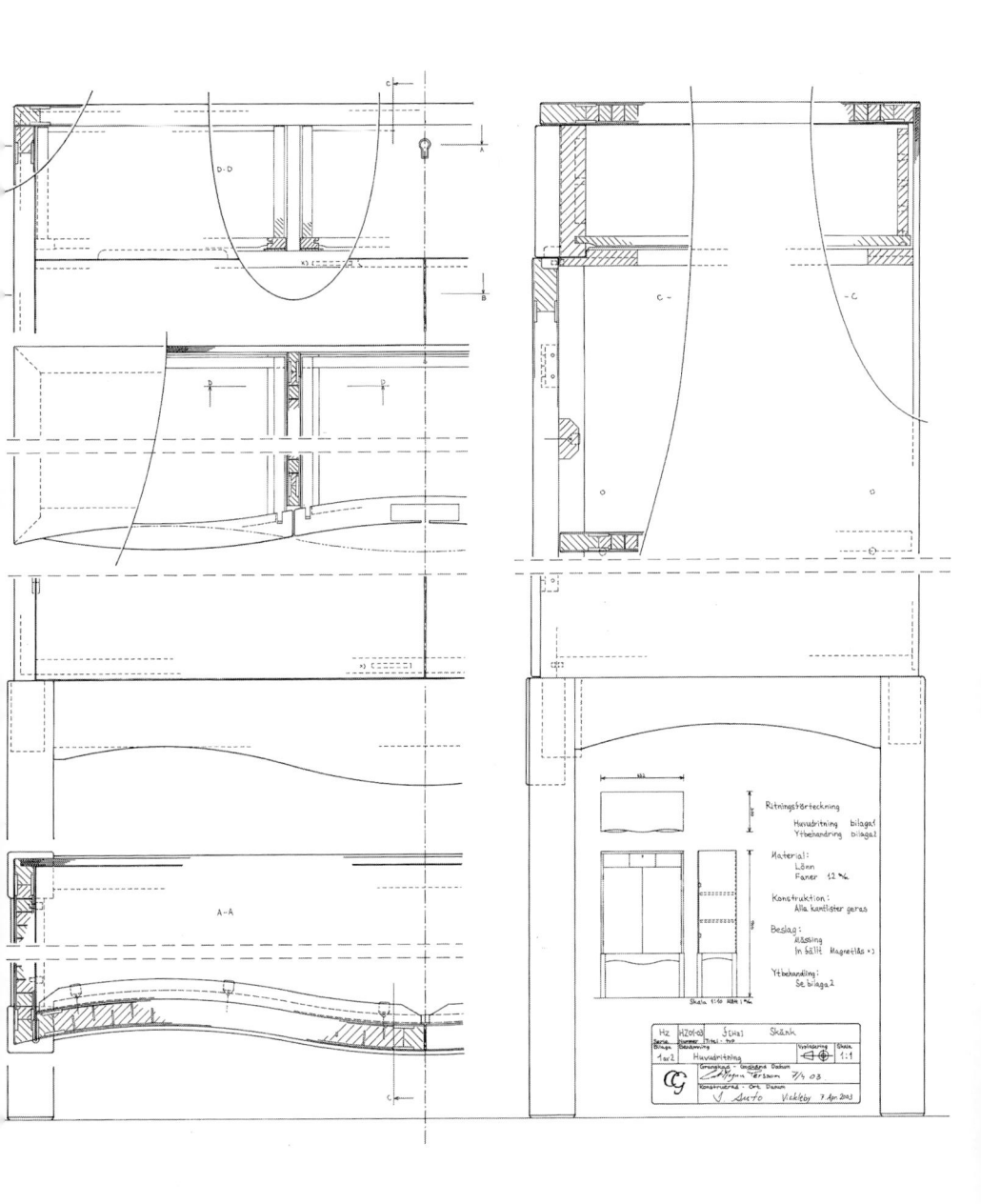

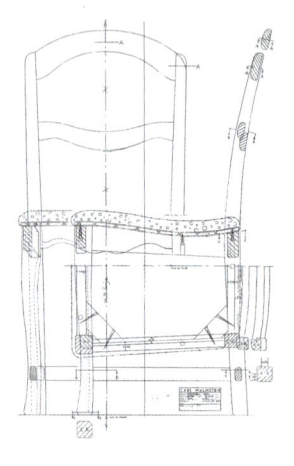

椅子 1917 の製作

　戸棚の製図を終えた後、今度はマルムステンの椅子を作ることにしました。まずはカペラゴーデン内にあるたくさんの資料と図面たちを見ながら製作する椅子を選び出すことにしました。これまでに安楽性の高い椅子を 2 脚作った経験がありましたが、普通の椅子はまだ製作経験がなかったので、そのタイプの物を探しました。

　5 脚（マルムステンは驚くことに 1000 を超える家具をデザインしています）くらいの気に入った椅子をまず選び出しました。どれもマルムステンらしい素朴なデザインの椅子でした。そして、その中からさらに僕が選んだのはカール・マルムステンが 1917 年にデザインしたその名も「1917」。

　マルムステンは 1916 年に「市庁舎の椅子」で名声を得て、1917 年に彼の作品展示会をリリエヴァルク美術館で行なう機会を得ました。そこでマルムステンは「スウェーデン家庭の美」をテーマに家具を発表したのですが、その中の一つがこの椅子でした。豪華な作りの市庁舎の椅子と異なり、農家の家具から強い影響を受けています。

　僕がこれまでに作ってきた物と比べると製作自体は容易だと思えたので、松と白樺の 2 脚を同時に素早く作るということを目標としました。いつも通り、まずは材料取りから始めます。材が四方柾（4 面とも縦に真っ直ぐ通った木目）になるように木取りをしているので、この時点でかなり多くの材が端材として無駄になっていますが、綺麗な家具を作るためにはどうしても必要なことです。

　曲線が少ないので加工は容易ですが、それでも手加工が必要となるのが背もたれでした。ここは南京鉋などを使って図面に指示されている形状へ仕上げています。2 脚分の同じ加工を一緒に行なうことで、一つずつ加工をするよりも効率よく作業することが可能になります。複数をまとめて製作する場合には大事なことですよね。

　材が異なるため、たとえば刃物での成形をしている際にも堅さの違いが明確に感じられます。触ってみればすぐにわかりま

すが、松の方が白樺と比べるとずっと柔らかいのです。このようなことから、接着工程で材に圧を加える際にも、白樺では平気だった締め付け方を松で行なってしまうと傷が付いてしまうのです。必要十分な量（この場合は圧力）を見分け注意しないといけませんね。

　ほぞ加工（他の部材との接合部分）をしようとした際には、加工機械の調子が悪くメンテナンスが必要な状況に陥っていました。しかし、交換部品が届くまで何日間も待機するのももったいないので手加工で作ってしまうことにしました。高い精度で複数を同じように作れるかが気になりましたが、接着強度も十分に出てくれて上手くいきました。「機械でできることを、同じように手でもできるように」そして、「手でできることと同じくらい、機械でも精度の良い仕事をできるように」することが僕の目標でもあるのでスッキリしました。

　松で作った分は、オリジナルと同じ赤色に塗装することにしていました。まずは画材屋さんへ出かけ、油絵用のイングリッシュレッドを購入。これを亜麻仁油で溶くことで塗りやすいように薄めます。塗装自体はそれほど難しくないのですが、問題なのは乾くのに3、4日かかってしまうこと。2、3層に重ね塗るので、それだけで1週間以上かかってしまうのです。完璧に乾くにはさらに時間がかかるので根気が必要です。

　白樺で作った分は北欧家具でよく施されるソープフィニッシュを試してみました。先ほどの塗料と比べると、塗るのも乾くのも速くて簡単なのですが、今度は表面の毛羽立ちが多くて困りました。試行錯誤をしていたところで先生が通りがかったので、こういう時のテクニックを教えてもらったらあっさり解決。溶いた石鹸を塗る際に、目の細かいサンドペーパーで擦り込んでいくので

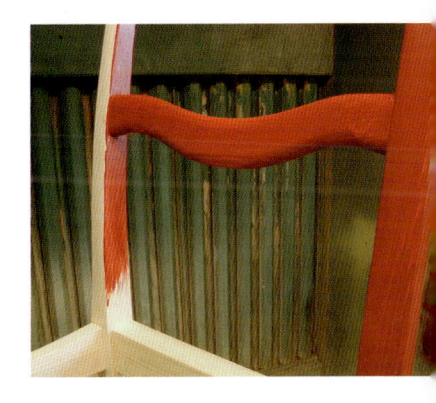

す。原材料が石鹸だけあって、滑らかな表面になりました。

　図面には、成形合板に薄いクッションを張る座面が示されていましたが、そのままでは固い座り心地が容易に想像できたので、ちょっと前に覚えたばかりの、座面張りをすることにしました。木枠を作って、試行錯誤しつつもなんとか張ることができました。ただし、ちょっと厚地だったようで日本人の僕には高めの座面になってしまいました。この点は今後、改善したいと思います。白樺の方は籐張りの座面に挑戦してみたいのですが、実はまだそのままになっています。座れないままの椅子では可哀相ですよね。

　特に大きなミスはせずに集中して作業をするという目標は達成できたと思っています。そして、この椅子を製作していた時期は、マルムステン校への受験や、妻の出産など非常に忙しい時でしたので、良い自信にもなりました。

職人試験の流れ

　本書の冒頭で、スウェーデンの職人試験について述べましたが、ここで試験内容について、もう少し詳しく紹介しましょう。同じことを書いていたりもしますが、その方が内容を理解しやすいかと思います。

　職人試験で合格するためには5点満点の内、最低3点を取ればよいので、よほどの技量不足がない限り合格は難しくありません。

　家具職人試験を受験するためには戸棚、机もしくは他の家具でも構いませんし、受験者のオリジナル、もしくは過去の作品（たとえばマルムステンの家具）でも問題ありません。ただし、必ず一定基準を満たしている必要があります。どの作品にも「引き出し」「手加工による蟻組み」「扉」「鍵」「蝶番」「突き板を用いた合板製作」「塗装処理」「製図」などの項目を行なうことが必須条件です。

　これらのことを考慮しつつ、受験作品の準備を始めます。アイデアから、プロトタイプの製作を始め、何度も改良を重ねながら、デザインを煮詰めて、図面を描き始めます。A0やA1の大きな用紙の中に、必要事項がすべて収まった図面を原寸で

描きます。金属部品（鍵や蝶番など）の図面も別紙に用意します。このようにして何度も配置の検討や、全体のバランスを考えます。簡潔で見やすく、さらに美しい図面＝良い図面は高評価に繋がるからです。そして作業工程案と一緒に図面を提出します。ここまでが職人試験の最初の山場でしょう。

　そして審査の後、いくつかの指示と共に評価が返ってきます。図面の間違い指摘などの注意事項だけではなく、作品の製作時間まで指定されます。この指示された時間内に完成させることも審査の対象項目なのでとても重要です。300時間くらいと想定していても、250時間以内と指示されれば、1週間以上早く作り上げねばならないのです。1日の実質の作業時間を6時間とすれば、2カ月以上かけることとなり長丁場の戦いになります。

　そして、締め切り当日に組み立てが終了すればよいというわけでもありません。たとえば綺麗に乾燥するまで3日かかるオイルフィニッシュを仕上げに選んでいた場合、最低でも2度は重ね塗りをしたいので、1週間前には塗布を始めている必要があるわけです。自分自身による体調と工程の管理が求められます。

　ここまで簡単に職人試験の流れを紹介しましたが、スウェーデンではドイツとは違い、職人もしくはマイスター資格がないと仕事ができないということはありません。とはいえ、それまでに学んできたことの集大成として、準備も含めると一年近くの時間を費やして挑戦するのは、非常に大変ではありますが、やりがいのあることだと思います。

　日本とはまったく異なり、ヨーロッパの職業教育は非常に充実しています。たとえば、スウェーデンでは中高生の時点で興味ある分野の現場で職業研修をすることが「何度でも」できるシステムになっています。いろいろな職を多少なりとも経験することで、自分に向いている仕事を見つけ出せる環境が整っています。い

ろいろなことに挑戦できるわけですし、大きなチャンスにもなるでしょう。

ドイツでは自分の店を興すためにはマイスター資格が必要です。パン屋さんを始めるためにはパン作りのマイスター資格を持っていなくてはなりません。マイスター資格がないと、雇われる側として働くしかありません。しかも厳しいのは「一生に一度」しか受験できないということ（最近は3回に増えたと聞いています）。このようなことを聞くと、非常に厳しい世界に思えますが、実際はそうではありません。ちゃんと勉強をすれば、誰にでも受かることのできるものだと考えるべきです。そうでなければドイツの産業は成り立ちません。資格は有能な職人を意味しているものではないと本書の冒頭で書いたわけが、このことからもわかると思います。

僕の父はドイツのオルガン製作マイスター資格を持っています。今回は父から聞いてきたことなどを織り交ぜつつ、スウェーデンとドイツの資格制度を比較しながら書いてみました。父の印象からするとカペラゴーデンの作品レベルはドイツのマイスター試験並みだそうです。それぞれの国、職種で細かい内容は異なるはずですが、手作業の伝統、技術の維持をする職人制度の世界を垣間見ていただけたでしょうか。

ちなみにドイツの運転免許試験は3回まで（実技試験です）しか受験できないそうです。合格できなければ一生車を運転できないという、日本では考えられないほどの厳しさです。

職人試験の採点現場を見学

スウェーデン3年目のこの時点で僕は職人試験を受けることができませんでした。しかし幸運にも受験作品がどのようにして審査されるかを見学する機会を得ることができたのです。通常は教官や受験者さえも立ち入ることができない密室の中での審査になるのですが、特別に許可をもらい立ち会うことができました。

製作締め切りの日、3人の審査官がカペラゴーデンにやって来ました。審査官はカペラゴーデン関係者ではなく、スウェーデン工芸委員会からこの地域の担当を指定された職人（マイス

ター)たちです。とはいえ、狭いスウェーデンの木工界、審査官はカペラゴーデンの卒業生だったりもするので、学生によっては顔見知りです。ただし、審査自体は厳正に行なわれていることが今回の見学でわかりました。

　その日の審査は10時半からとなっていました。受験生たちは早朝から作品の最終調整に余念がありません。つまり、その日の湿度に合わせた調整をするのです。5月ともなると天気の良い日などには結構湿度が上がるのです。製作期間はよく乾燥した冬だったので、湿度差が大きくなると困ったことになります。

　湿度が高くなると木が膨らみます。数値的にはごく僅かだったとしても、寸分違わず調整されている家具などにとっては影響が顕著に現れます。前日まではスーッと非常にスムーズに出し入れできていた引き出しでも、動きが重く鈍くなってしまうのです。このままだと審査時には評価が下がってしまう可能性があるので、手を入れることになるわけです。鉋で軽く一削りしたり、角を少し丸めたりして抵抗を減らす手が考えられます。こんな感じに最終調整を行ない、ついでに表面を軽く磨いて審査開始に備えます。

　各作品の横には採点用紙と共に、図面、作品解説、作業日誌と合板の構造を示す見本を並べることになっています。審査官がいつでも参照できるだけではなく、図面に忠実に作れているかが職人試験では重要な点だからです。では、職人試験のチェックポイントを見ていきましょう。

　まずは蝶番等の金具類。既製品でない金物部品は自分で作るか、図面を用意して注文していますが、取り付け時に技量の差が大きく現れます。蝶番は木に取り付けた後、金属ヤスリを使用して木の表面と同じ平面になるように仕上げます。この時、ねじ穴のマイナス溝だけが残るように加工されていれば高評価に繋がります。ネジ頭の周囲が溝として残っていると減点対象です。正確に金具を取り付けるのも難しいのですが、取り付け後の加工もそれにも増して苦労させられる点です。鍵穴は真鍮やアルミ、もしくは木で製作します。形状に条件はありませんが、鍵の使用時にはスムーズに抵抗なく動くことが重要です。

　扉や引き出し周囲の隙間も一定の間隔であることが大事で

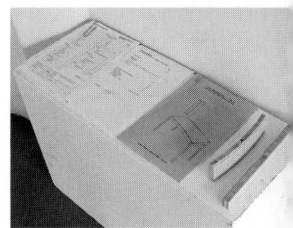

す。扉ならば上下左右とも均一に収まるように調整します。表面塗装（オイルなど）も均一の仕上がりが要求されます。特に下地作りがしっかりと行なわれていることが高評価に繋がります。

突き板を使用した合板を作ることも必須課題の１つです。厚さ0.5ミリから１ミリ前後の突き板の合わさる端面は鉋やナイフで直線を出し、隙間なく貼り合わせます。合板というと安物というイメージがある日本ですが、製作法、使用箇所次第では無垢材よりも優れた物というのが正しい評価でしょう。「すべてが無垢」が良い家具だとは限らないことがよくわかります。

ついに審査が始まりました。3人の審査官はまずは各作品を「手で触れる」ことから開始しました。表面の仕上げや角の丸みが一定になっているかなどを手で感じ取るのです。全体の雰囲気やバランス（これは採点項目ではありません）も見ていきます。

その後から各機構のチェックが始まります。最初は引き出し。スムーズに動くことが重要です。「羽一枚」という表現をするほどの正確緻密な加工を目標として製作しています。この差は湿度変化ですぐに狂うので、審査直前に調整をしたわけです。

引き出しのチェック法として、上下裏返して出し入れをしてみる方法が挙げられます。この状態でもそれまで同様にスムーズに動くのならば、それは引き出しだけではなく、引き出しの収まる側の加工もしっかりできている証明になります。さらに、同じ大きさの引き出しが複数ある場合は、それらを入れ替えたりまでするんです。これはできないとダメということではないのですが、技量を見ているんでしょうね。結構厳しいのです。

もう一つ、良い引き出しかどうかを確かめるテクニックがあります。引き出しの端を指一本で押すという簡単な方法ですが、隙間が大きくガタがあると、引っかかってしまいスムーズには動きません。大抵の量産家具はそれくらいの低い精度（製作を容易にし、どのような環境でも問題が生じないようにするためでもある）で作られていますので、皆さんも経験があるのではないでしょうか。出来の良い物は吸い込まれるように動作

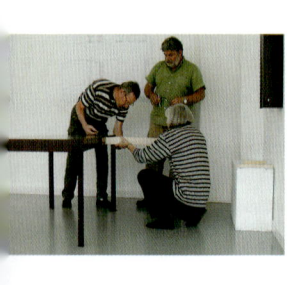

するんです。

　引き出しの組み手部分や、木の交差箇所、継ぎ手接着の確実性などを、光にかざしたりしながら厳しく見ていきます。接着面が斜めの場所などは特にピタリと重ねるのは難しい箇所です。このようにあらゆる部分が彼らの目に留まります。この写真は検査官から「これをぜひ撮りなさい」と言われたシーン。背後だけではなく床に這いつくばりながら見ています。

　両開きの扉を備えた戸棚の場合、左の扉をまず閉めてから右扉を閉めて鍵をかけるようになっています。この状態で片側の扉を押してみることで、扉がねじれがないように加工され、本体に取り付けられているかを確認します。もちろんある程度のねじれはどうしても発生します。しかし、それらを減少させられる技術も大事ですよね。

　採点は各項目5点満点で、0.1点刻みで記入していきます。彼らが話している言葉を聞いていると、「とても綺麗にできているね。うーん、でも100パーセントではないな。4.8点」「すごく上手だけど、まだ完璧ではないわね。4.9点」というように非常に厳しいものでした。

　4時間近い審査現場に立ち会えたことは非常に有意義なことでした。採点や話の内容などのすべてが、あらためて職人試験に挑戦しようと考えていた僕にとっては学べることがとても多く良い経験となりました。そして、この年最大の難関、ストックホルムの学校への受験がこの直後に迫っていました。

マルムステン CTD へ出願

　まずは学校の紹介をしましょう。マルムステン校の現在の正式名称は「カール・マルムステン木工技術デザインセンター」（Carl Malmsten Centrum för Träteknik & Design）と言います。1930年にストックホルムで開校し、創立当初は家具製作科の生徒4人だけの私立校で、Carl Malmstens Verkstadsskola という名称でした。

　2000年からマルムステン校はストックホルムから200キロほど離れた都市にあるリンショーピン大学に併合され、大卒資格（学士）を取得することが可能になりました。現在は家具製

作科だけではなく、家具デザイン、家具修復そして家具生地張りの計4つのコースが設けられています。全校生徒は約60人ほどと少数ですが、非常に高いレベルの仕事をする学生が集まっています。

　理論と技術を同時に学びながら、学生の可能性を伸ばすことが学校の基本理念となっていて、さまざまな講義と実習が行なわれます。木工製作だけではなく芸術としての知識（絵画、色彩、デザイン、美術史など）を深めることも重要とされていて、多くの時間を講義に割いています。もちろん今日ではこれらにコンピュータが含まれます。

　そして、この学校を語るためにはもう一つのことについて触れておかねばいけません。マルムステン校は、スウェーデン最高峰と言って差し支えないだけの非常に高い名声を得ていて、新聞や雑誌に載る際には「木工のエリートが集まる学校」「ヨーロッパ最高峰」「プロのような仕事」と賞賛の言葉が絶えません。スウェーデンへ来てすぐの頃には、良い学校らしいという噂くらいは聞いていましたが、まさかここまでの場所だとは思っていませんでした。カペラゴーデンも大変素晴らしい場所ですが、スウェーデンの木工の世界ではストックホルムのマルムステンというと別格なのです。そして、スウェーデン滞在3年目の終わり、無謀にも僕はこの学校を受験することとなったのです。

　僕は日本人だし、やはりマルムステンが創立したカペラゴーデンで学んでいたので、通常とは異なる有利な取り計らいがあるかなと少し期待していたのですが、見学時に問い合わせてみるとその期待はもろくも崩れ去りました。受験生の区別は特にしていないので、ここで学びたいならスウェーデン人同様に募集要項に沿って出願し、試験に合格しないといけないことになりました。最高で5人の合格者という非常に狭き門です。

　どのコースも木工の知識が必要です。しっかりとした木工教育を受けているか、もしくは経験を積んでいることが出願の最低条件でした。初心者の出願はできません。さらに関連事項として、製作技術、家具史、家具様式、芸術史を学んでいることも望ましいと記述されていました。

　出願にあたっては以下のような申請書類を提出するように指

示されました。

- 作品集
  500 × 700 ミリの厚紙片面だけにレイアウトすること。
  作品それぞれにつき写真を 3-5 枚。
  人物画などスケッチ 3 枚。
- 自己紹介
  志望動機を A4 用紙に。手書きは禁止。
- 学歴および証明書。
- 職歴、実習歴の証明書。

　ここで僕は、他の人と少しは差をつけたいと思い、作品集の台紙に和紙を貼ることで特徴を持たせました。

　マルムステン校への申請とは別に、スウェーデンの大学を統治する機関へも、申請書と学歴証明等を提出しなければいけませんでした。日本の高校と大学の卒業証書と成績証明書、そしてカペラゴーデンの卒業証明書、スウェーデン語学校の在籍証明書などを送付しました。ここでちょっと面白かったのが、申請書類はオリジナルの書類ではなく、コピーでよかったので、封印されていた証明書（日本から送ってもらった分）を開封して内容を見ることができました。

　書類の提出締め切りは 4 月 15 日。そして 5 月 2 日にマルムステン校から封書が届きました。16 日 8 時 30 分に面接および試験のために学校へ来るようにとの通知でした。その場にいた皆から「おめでとう！」と言われるので、ほぼ合格？と浮かれたのですが、やっぱりそうではありませんでした（笑）。単に一次審査を通ったということ。この時点で落とされる人がたくさんいるので、大事な最初の一歩なのです。

　筆記と実技試験が行なわれると書かれてはいましたが、当然ながら試験内容はまったくわかりませんでした。当日は身分証明書と筆記用具、計測器具を持参するようにと記載されていたのだけど、計測器具とは言ってもいろいろとありますよね？

この時点から試験が始まっているのかと悩みました（笑）。
　ストックホルムから遠く離れた場所（車で5、6時間）に住んでいる僕にとっては、試験に間に合うためには前の日に現地に入って宿泊する必要が出てきました。実は妻の出産予定日が2週間後に迫っていたので、カペラゴーデンの学生に「もしもの時にはお願いね」と頼み、電車のチケットを予約。そして、カペラゴーデンの先生による情報では、マルムステン校の実技テストは蟻組みの製作が課題だというので出発前夜には手際よくできるように練習もしておきました。
　職人試験を断念し、マルムステン校の受験の結果次第ではスウェーデンに残れるかどうかもわからず、そして妻の出産も間近に迫るというなかなかスリル満点の日々の山場です。

マルムステンCTD受験

　受験が目前に迫ってきたら、不吉なことが連発しました。まずはストックホルムへ向かう出発当日。朝の歯磨き中に突然、奥歯の詰め物が取れてしまいました。そして、さらに試験当日

の朝。ストックホルムの安ホテルに泊まっていたのですが、試験会場に遅刻してしまって「残念だけど今回は……」と受験を断られる悪夢で目覚めることになったのです。こんなことはこれまでに一度もなかったので少々驚きました。

　とりあえず、無事（笑）に試験会場へ到着。早速、筆記試験が始まりました。受験生は 10 人。さまざまな知識を問う質問が並んでいて、問題例としてはこのような感じでした。

- 木の部位ごとの名前。
- フレース盤で使用するさまざまな種類の刃物名。
- 丸鋸盤に使用されている保護、補助具を重要度順に記せ。
- スウェーデンの著名な家具、曲げ木、椅子張りの会社名。
- 刃物が木を切る時の切削角などの名前。
- 目の前の棚に置いてある 5 種の木片の名前。
- 木を接線方向と年輪に交差する方向に切った時の木目をそれぞれ図示せよ。
- （さまざまな機械の絵が並んでいる）名前を記述。
- （20 種の椅子の絵とデザイナー名が並んでいる）それぞれ

を結びつけよ。
- HBと4Hはどちらが固いか？
- A4は210×294ミリだが、A5とA3のサイズは？
- マルムステンはいつ生まれた？
- エーランド島にあるマルムステンの学校名は？
- （6種類の3面図）それぞれの立体図を描きなさい。
- 正面にある椅子2つのスケッチ。

試験の内容としては決して難しくありません。木工だけではなく、美術に関する広い知識を持っていれば答えられる内容でしょう。ただし、僕の場合はスウェーデン語や英語はおろか、日本語でさえなんと言うのかわからない物まであったりして、ちょっと焦りました。とりあえず、単語がわからない物は図を描いておきました。

筆記試験中（午前中）に一人ずつ面接に呼び出されました。まずは校長や担当教官など数人の前で、提出した作品集の解説をし、志望動機や僕が日本の大学で行なった卒業研究の内容などを話しました。この中で「もし不合格だった場合はどうする？」と聞かれたのですが、「ダメだったら帰国しないといけないだろうけど、来年も受験したい」と言っておきました。緊張しましたがこれで午前の試験が終了。午後の試験が始まるまで学校近くのベンチに座ってランチにしました。そこからはストックホルム市街を一望でき、良い休憩となりました。

午後の実技試験が始まったのですが、課題は予想していた蟻組み製作ではなく、まったく違う内容でした。

用意されていた一人分の材料、道具は、

- 一畳くらいのダンボール紙
- 2センチ角の松の棒。長さ90センチ4本
- 針金
- カッター
- ノコギリ
- ペンチ
- かなづち

これらを使用して、ズシリと重い事典5冊を載せられる棚（長さ80センチ）を作れという課題でした。制限時間は2時間。当初、脚の付いた棚なのか、単なる棚板なのかがわからず困ったのですが、僕はこれを棚板一枚と判断して作ることにしました。

　周りの皆はどんどん作り始めていたのですが、僕はしばらくどうするか考えてから行動を開始しました。まあ、実際は周りの様子を観察していたのですが（笑）。このような時間制限のある強い緊張下での作業は初めてでしたが、焦らないように気をつけました。時間ピッタリに作り終わりましたが、十分に強度ある物ができたと思っています。

　解散時の教官からの挨拶は「たとえ不合格だったとしても、ここへ呼ばれた者はマルムステン校へ来てほしいくらいの者だからね」とのことでした。提出してあった作品集を引き取り、その場で解散となりました。カペラゴーデンへの帰路は5時間ほどの電車移動。夜遅くに到着しましたが、妻の出産はまだだったようで一安心しました。

　そして試験から10日後の5月26日に息子が生まれました。自宅へ子供を連れてきて、やっと落ちつき始めていた6月2日についに合格が判明しました！　正直なところ自信はあったのですが、なかなか結果がわからず、カペラゴーデンの卒業式も目前に迫って、不安に思い始めていたので、かなり嬉しかったです。職人試験再挑戦へ向けた最初のハードルを越えることができたのですからね。

　後日、スウェーデンの大学機関からも正式な通知が届き、これにJa（Yesのスウェーデン語）と返事をして、正式にスウェーデンの国立大学生になれました。

ベビーベッド

　生まれたばかりの息子が自宅のあるカペラゴーデンへやって来ました。当初はベッドの上に寝かせていましたが、やっぱりベビーベッドが欲しくなってきました。そうなれば自分で作らないといけませんね。

　まずは図書館へ行って育児関連書を見て勉強することにしま

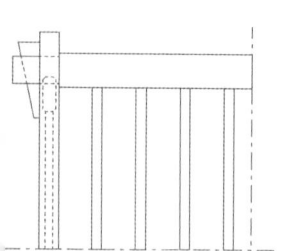

した。不慮の事故が起こる可能性を極力抑えるためにも、正しい規格を知る必要があったからです。たとえば、柵の間隔。もし間隔が狭すぎると、指を引っかけた状態で思わぬ力がかかったりしたら骨折のリスクが生じます。逆に広すぎれば体は落ちなくても頭が引っ掛かるということもあり得ますよね。他にも、底板と柵の間隔、マットレスなど以外に必要な保護具などがあることを知ることができました。ヨーロッパの安全規格です。

　それらを元に図面を描き出し、柵になる棒の本数と間隔を決めました。もちろん高さの変更も可能です。大きくなるにつれて柵の中で立ち上がるようになった頃には寝床の位置を下に下げることができます。小さい頃は上の段にしておけば世話もしやすいという考えです。柵の一面を外せるようにすれば便利かなとも思いましたが、強度低下が考えられるのでこの案は却下することになりました。

　このままだと市販品のベビーベッドと変わらないので、せっかくだから特色ある物にしたくなり、分解可能な構造にすることにしました。ネジを使うのではなく、木の楔（くさび）を使うことで簡単に分解組み立てができるようになっています。ストックホルムへの引っ越しが既に決まっていた僕たちにとっては、分解ができることは必須の構造でした。

　製作はこれまでに作った家具たちと比べたら楽勝です。ほとんどの部材が同寸法なのでまとめて加工できますし、自分たちで使う物なので表面仕上げにも気を使いすぎずに済むのも良かったですね。ちょっとくらい汚い部材でも躊躇なく使えます。ただし、柵になる棒だけは簡単に折れたりしたら困りますので、しっかりした強度が出る木目の物を選別しました。面取り（材の角を丸めたり、斜めに加工することで手触りが優しくなります）を多めに行なってから組み立てて、クッション、シーツなどのリネンを収めて完成です。

　早速、生後一週間の息子を寝かせてみました。とりあえず問題なさそうです。まだこの時点では寝返りさえもできないので何もわかりませんが（笑）。大きくなるにつれ、何かがわかるかなと期待していましたが、予想に反して特にトラブルもなく、二人目の子供（娘）でも無事に使えていました。ベッド上

で飛び跳ねても、柵を揺らしても破損することもないので頑丈にできているようです。時々、楔を打ち込み直すぐらい（時間が経つと緩んでくる）のメンテナンスだけで十分でした。

　唯一の想定外を挙げるとすれば、二人とも2歳になる前にこのベッドで寝てくれなくなったことでしょうか。ママとパパが寝ているベッドじゃないとダメなんだそうです。いまは4人で川の字になって寝ています（4人でも川の字って言うんでしょうか？）。

製作してから3年後。娘がベビーベッドの主です。

第2部　モユル出産

スウェーデンで初めての診察

　スウェーデンでは、家族を持っていても学業を続けることができるような社会の体制が整っています。実際、妻のカズエは学生ではありませんが、カペラゴーデンの寮に一緒に住み、校内へ出入りし、食堂で食事をすることもOKでした。スウェーデンの冬は長く厳しい季節ですが、春になると草木や花が咲き乱れ、特にカペラゴーデンは楽園と言えそうな様相になります。新婚生活（日本で結婚してすぐにこちらへ来ました）を始めるには最高の環境でした。スウェーデンでの暮らしは長い新婚旅行のようなものだねと二人で話していたほどです。

　と、調子に乗っていたところで、カズエの生理が来なくなりました。二人でスウェーデンに住み始めて一年ちょっとが過ぎたある日のことでした。食欲はあるのに、匂いを嗅ぐと気持ち悪くなるという、典型的なつわりの症状が現れました。もちろ

ん、こんなときスウェーデンではどうすればいいか、まったくわかりません。

　聞いてみたところバーン・モシュカという職業の人に会うことが最初らしいとわかりました。助産婦さんのことでした。日本とはシステムが少し異なっていて、スウェーデンでは助産婦さんが妊娠期の検診やアドバイスなどを行なうのだそうです。早速、助産婦さんのいるMVC（妊産婦のための診療所）へ電話し、翌日の検査を予約しました。

　日本人の学生である僕たちにスウェーデンの医療保険が適用されるかが当初は心配だったのですが、確認してみた結果、僕たちはちゃんとスウェーデンの住民登録をし、IDカードも持っているし、社会保険事務所へ登録もしてあるので問題ありませんでした。スウェーデンでは妊婦さんへの検診等の費用はほぼ無料だから安心ですが、保険適用外の者（たとえば旅行者）だと全額負担になってしまうので大きな差です。

　ちょっと緊張気味に予約時間にMVCへ行き、名前を呼ばれました。白衣を着た人なのでてっきり助産婦さんかと思ったら、その人は看護婦さんでした。持ってきた検査用の尿を提出し、その場で妊娠検査。使用した物は日本語も表記されている妊娠検査薬でした。棒の先を尿に触れ、すぐに陽性が判明。最後の生理の日から計算し、この時点で妊娠7週目（スウェーデンでは1週目を0週目として数え始めます）だと判明しました。

　さあ、今度は助産婦さんにあって話を聞くのかな？と思っていたら、2週間後の予約をして、この日は終了。あまりにもあっけなかった（約15分）ので驚きました。でも、僕たち二人にとっては嬉しい出来事でした。訪れた診療所はとても静かで、日本とは雰囲気がかなり異なりました。田舎ということもありますが、緊張していた僕たちにとっては落ち着く場でした。

助産婦さんと対面

　さて、助産婦さんとの面会日になりました。まずは採血。通常の注射器ではなく、内部が真空になっている小さい採血器で、針を指に刺して、封印を外すだけでチューッと血が吸い込

まれていきます。これでヘモグロビン等のチェック、さらにはエイズ等の検査もするのだそうです。逆に血圧測定は、昔からあるポンプを押しながら、腕に圧をかけて計測する方法。その場で数値をカルテに書き込んで、再び待合室へ。

　すぐに助産婦さんの部屋へ呼ばれ、まずは形式的な話をしました。最後の生理日や、産む意志があるかの確認などをし、生活環境のことを聞かれました。環境とは、僕たちの周りにサポートしてくれる人（気にしてくれる人や、何かあったら助けてくれる人）がいるかということです。質問できる人がいるか、友達は皆、知っているのか？ということも聞かれました。

　直前の血圧検査もそうですが、これらの質問事項はすぐに目の前のコンピュータに入力されていきました。出産予定日は○月○日、血液検査から栄養状態は良い、サポート環境も良いという感じに入力していました。データは他の病院でもすぐ参照できるようになっています。これは便利ですね。助産婦さんはとても感じの良い方でした。しかも、僕たちが住んでいるカペラゴーデンのすぐ近くに住まいがあり、もしもの時には歩いていける距離（2分くらい）でした。さらにカペラゴーデンの先生たちもよく知っているというので、とても安心しました。

　噂には聞いていたのですが、日本と大きく異なるのが超音波検診。基本的に17週目前後に一回だけしか行ないません。日本では毎月一回で、しかも有料なんだと助産婦さんに伝えると驚いていました。スウェーデンではお腹の赤ちゃんの状態を確認するために行なうが、特に問題が出なければその一回だけなのです。男女の性別も生まれるまでわからないケースが多いそうです。

　今回は内診はなく、検査よりも、妊娠をしてどう思い、感じているのかを話すということが目的だったようです。無料で配られている小冊子とスウェーデンの雑誌（『たまごクラブ』のようなもの）をもらいました。当然ながら家具作りでは使わない単語が一杯出てくるので、ちょっと勉強が必要でした。

　ここでまた知ったことですが、スウェーデンでは特に問題がなければ、17週目の超音波検診まで、診察はないそうです。検査日を指定した連絡が封書で届くというので、のんびりと日々を過ごすことにしました。

心音を聴く

もらった冊子にこんな文章がありました。

> 現在、世界中で年に140万人の子供が生まれていますが、皆が同じ環境下だというわけではありません。先進国では健康で、お腹一杯食べることができ、将来には大きなチャンスもありますが、発展途上国でははるかに悪い環境下（十分ではない食事、衛生や教育）で、多くの子供が5歳になる前に死んでしまいます。さらに母胎への危険度も、それらの国々ではとても高く、毎年約60万人の女性が亡くなっています。私たちは、これらのことをほぼ忘れてしまっていますが、100年前のスウェーデンも現在のバングラデシュやエチオピアと同じような状況でした。裕福な国か貧しい国かの違い、同じ国でも裕福か貧乏かの違いで、子供たちは異なった人生のスタートをすることになるのです。

直前のページではスウェーデンでの出産事情（母子ともに安全である等）について述べられていたので、とても考えさせられるものがありました。自分自身が日本人であること、スウェーデンで良い医療サービスを受けられることはとても恵まれていることなんだと再認識しました。

話は変わってそんなある日、僕のいる学校、カペラゴーデンに日本のテレビ局が取材に来ることになりました。僕たちの生活に数日密着するという内容だったのですが、その中でMVCでの検診シーンを撮りたいということに。助産婦さんに連絡し、テレビ撮影と簡単なインタビューの許可をもらって検診に向かいました。前回のように現在の調子や、質問事項についてのやり取りをしていると、助産婦さんが「心音を聴いてみよう！」と言い始めました。

普通はもう数週間くらいしてからららしいのですが、テレビカメラへのちょっとしたサービスだったようです。心音が聴こえ

るかもよということで、診察台へ。センサーを当てると・・・聴こえました。こんなに強く、速い音だとは思っていませんでした。カメラの方もバッチリと音を拾えたようで、番組放送時にもこのシーンが出てきました。

　本当に赤ちゃんがいると実感した日でした。

超音波検診を受ける

　心音を聴いた数日後、超音波検診のお知らせが届きました。いつものMVCではなく、街の総合病院へ行って検査を受けることになりました。院内は静かな雰囲気で、木をふんだんに使用した内装になっていました。検査室は病院入り口から随分と離れていたのですが、標識を目印に無事到着。「出産室」などの標識の言葉は今後のためにも大事なので2人で確認しておきました。

　検査室へ到着。検査官はその病院所属の助産婦さん。検査室は個室で、モニターを見やすくするためか薄暗くなっていました。助産婦さんの目の前に主モニターがあるのですが、診察台に横になっている妊婦（カズエ）も楽に見ることができる副モニターが診察台上にも据え付けられていました。お腹の赤ちゃんがあんなに動いているとは知らず、とても驚きました。いろいろな角度から見せてもらい、17週目だったので手足も確認。でも、男の子か女の子かは判別できませんでした。特に気にしていませんでしたので、誕生まで楽しみに待つことにしました。20分くらいの検査後、気に入った写真をプリントアウトしてもらいました。この時、妊娠判明以来、初めて支払いが生じました。

　カズエは子宮辺りに赤ちゃんの温かさを感じていた（胎動はまだ）らしく、僕には感じ得ない不思議なものなので少しうらやましく思いました。

スウェーデンの両親学級

　妊娠20週を越えた頃から、父、母となる二人のための両親学級が始まりました。全7回。そのうち6回が出産前に行な

われました。平日開催で、任意にもかかわらず、男女とも揃って出席する人が多かったです。

　毎回、異なるテーマで、妊娠期から出産までのさまざまなことを学びます。内容を書き並べてみると、

○ **体型変化への対処法**
　背骨から骨盤まである骨格標本を使用して、妊娠初期から後期へかけての体型バランスの変化、お腹の状態に合わせた姿勢の大事さを教わりました。

○ **呼吸法**
　陣痛の間隔が広い時は深くゆっくり、狭い時は浅く速くするなど。ヒッヒッフーのラマーズ法は教わりませんでした。

○ **授乳**
　70年代前後、スウェーデンでは7割の母親が哺乳瓶でミルクを与えていたそうですが、現在は比率は逆転し、栄養や免疫の点でも優れている母乳で育てることを奨励しているそうです。

○ **心理療法士による、これからの心の持ち方のお話**
　参加者それぞれが親になることへのさまざまな不安を抱えているだろうけど、前向きに考えていくように言われました。スウェーデンではあまり一般的ではない、会陰切開を恐れている人が多かったです。僕は、スウェーデン滞在が長引いた場合、子供の言葉の問題はどうすべきかを聞きました。必ず母国語である日本語で接するようにと言われました。いずれにせよ子供は柔軟に対応できるから心配するなと。

○ **赤ちゃんと会話をすることの大事さ**
　まだ何も言葉を話すことのできない新生児との会話です。オムツを換える時や授乳時に話しかけるのは当然ですが、参考例として見たビデオには驚きました。生まれてすぐの赤ちゃんと向き合いながら、母親が舌の出し入れを見せていると、しばらくすると赤ちゃんが、それと同じことを始めたのです。会話は

できなくても、コミュニケーションは取れるのだそうです。

○ **パパ向けのビデオ**
　隣室で母親たちが呼吸の練習をしている時に、僕たち男性はビデオを見ていました。パパとは？ということから始まる父親クラスの特集でした。

○ **さまざまな出産法**
　仰向け、うつぶせ、座った状態だけではなく、両肩を支えてもらう出産、お風呂での水中出産、さらに自宅出産の特殊な例として、親戚家族の前での出産があることを知りました。スウェーデンでは出産時は本人の望む体勢を尊重してくれます。

　出産の現実を知ることができるのは、これから初めての出産を迎える僕たちにとって、とても有意義でした。子供がどのように出てくるか、出てきた瞬間はどうなのか、泣くとどうなるかなど。最初は真っ青で、泣くことで呼吸をして体がみるみる赤くなっていくなんて、僕はまったく知りませんでした。
　赤ちゃんが生まれてすぐ、体を拭く前に、まずはお母さんの胸の上に乗せることがとても良いとも知りました。帝王切開（全身麻酔ではない時）の場合でも、すぐに母親に会わせ、オッパイを探させるのだそうです。言われてみると、一番自然なことかもしれませんね。
　帝王切開に関するビデオを見る機会がありました。入院している病院で朝食を食べ、本人確認のために名前等を述べ、識別リングを腕につけるあたりまでは、まあ普通だろうと思ったのですが、その後、父親も白衣に着替え始めました。帝王切開の手術中も付き添うことができるのです。さすがにこれには驚きました。縫合措置などをしている間、子供は親と一緒にいられるのです。
　この両親学級は僕たち日本人にとっては難しい言葉がたくさん出てきて、理解できないこともたくさんありましたが、参加してとても良かったと思っています。最後の一回は全員の出産が終わってから、赤ちゃんと共に集まることになっていましたが、残念ながら僕たちはストックホルムへ引っ越してしまった

ため、参加できませんでした。

出産室見学

　この両親学級のメンバーで出産室見学にも出かけました。僕の住んでいる地域では出産は必ずその病院（MVCでは検診はしても出産はできない）と決まっていたので、見学というよりは下見そのもの。皆、真剣です。

　総合病院の一角に産婦人科のエリアがありました。出産室と、出産後に親子で滞在できる宿泊施設が備えられています。出産室は全部で8部屋。満杯になってしまうことはまずないそうで、その中の空いている部屋を見学しました。

　ここでまず驚きました。僕のイメージしていた、出産室のそれとはまったく違うのです。室内は手術室のような雰囲気はまったくなく、妊婦が少しでもリラックスできるように配慮されていました。たとえば、ゆったりできる椅子や、雑誌類。好きな音楽を聴けるようにステレオがあり、ベッドの横には絵が掛けられていました。CDは本人が希望すれば出産中もかけ続けて良いそうですし、室内には間接照明が多く、刺激が少なくなるように工夫されていました。

　連絡事項や、出産経過を逐一書き込んでいくため、各部屋にコンピュータが設置されています。当直が変わっても妊婦のページを開くだけで、それまでの経過がすべてわかります。もちろん妊娠初期からの記録もです。たぶん全国で同じデータを共有できるようになっているのでしょう。もし旅行中に出産が始まったとしても安心です。

　ベッドは介護用ベッドと同じく、上半身が起き上がるようになっています。出産の段階に合わせていろいろと変形するらしく、踏ん張る時に手で握る取っ手もありました。ボタンを押すとベッド横の絵が下がり、裏側から酸素ボンベ等が出てくるのには笑いました。

　室内には他に出産後の赤ちゃんを洗ったり、世話をしたりする流し付きの台が据え付けられています。流し台ごと高さを上下できる優れもので、世話をする者の体に負担がかからないように配慮されていました。出産直後の赤ちゃんが凍えないよう

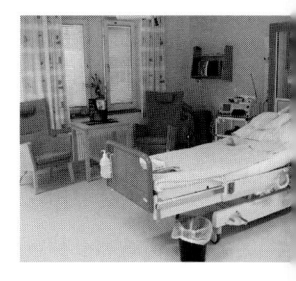

に、世話台の上にはヒーターが備え付けられているほど。

　出産前の陣痛を和らげるための浴室も見学しました。日本と比べると浅めですが脚を伸ばせるバスタブでロウソクを灯せるように台がいくつか付いていて、ゆっくりできるように枕まで付いています。

　出産後に親子が数日（通常2、3日）滞在する部屋は、出産室からすぐの所にあるのですが、まるでホテルのようでした。料理はアレルギーや、ベジタリアンなどの希望を考慮したものが一階のレストランから毎食届きます。また、それとは別にいつでも軽食をつまめるようにもなっています。部屋は個室で、もちろん子供とも同室。希望すれば父親も宿泊可能。出産に至るまで費用はほぼ0ですが、ここでは滞在費が少し発生します。1泊約1000円（父親は2000円）ほどで3食すべてが賄われます。何も心配することなく、出産に臨める素晴らしい環境だと感じました。

　あまりにも環境、設備が素晴らしいので聞いてみると、どうやらスウェーデンすべてがそうだというわけではなく、2年前に改装したばかりのこの病院が特に素晴らしいのだそうです。僕たち二人は出産をしに再びここへ来る日が待ち遠しくなりました。

　数日後、「母親になる環境が世界でもっとも恵まれているのはスウェーデン」とニュースで報じられていて、もう何も心配することはないと思いました。

スウェーデンでの出産

　5月24日金曜日。僕が工房内で作業をしていると、カズエが出血があったことを伝えにやって来ました。出産の前兆だろうと思い、すぐに病院へ電話をし、向かうことにしました。出産に備えて入院セットは用意してあったので慌てずに出発することができました。予定日は27日でしたが、ついにその日がやって来ました。

　検査室へ通されて、まずは赤ちゃんの心音等をモニターするセンサーをお腹に取り付け、記録を始めました。看護婦さんによると、お腹の赤ちゃんが目覚めると心拍が上がり、眠ってし

まうと低めで安定するそうです。確かに数分ごとに起きたり眠ったりの繰り返しで面白いです。そのまま、先生が来るまで待ったのですが、金曜の夜の医者は1人だけ。既に3人の患者がいて、かなり待たされることになりました。計3時間。超音波検診や内診（今回が初めてでした）の結果、まだ出産が始まっている兆候はないとのことでした。出産がこの後すぐに始まる可能性もあるけれど、初産だからまだしばらくかかるかもしれないとのことで、その晩は帰宅して、自宅待機となりました。

　陣痛が規則的に5分間隔で来るようになったら、病院に電話をしてからもう一度来院するように言われました。そして、その日の真夜中に陣痛が始まり、ついに5分間隔に近づいてきました。午前3時頃に病院に到着。検査機器を繋げると確かに5分間隔の陣痛なのですが、内診ではまだ子宮口が広がり始めていないから、もっと強い陣痛が来るまで帰宅するように言われました。でも、僕たちはやっぱり初めての出産で心配だったことと、真夜中だったので可能ならば朝まで泊めてほしいと伝えたら、あっさりと許可され、ベッドを僕用にも用意してくれました。陣痛が続いているのでカズエはなかなか寝付けず、僕は陣痛の度に腰をさする係。そうするとかなり楽になるらしいです。

　翌朝、朝食後に再検査。この時点では陣痛の回数も減っていて昨晩の結論と同じく、また自宅待機となりました。やっぱり初産なのでなかなか難しいようです。これまでの3回の検査は、すべて異なる助産婦さん、看護婦さん、お医者さんでしたが皆、とても感じの良い方たちで安心しました。

　ちょうどこの土曜日から僕たちの隣室に住んでいる学生のお母さんがカペラゴーデンを訪ねて来ました。運がいいのか、彼女は助産婦さんでした（笑）。

　土曜日の晩、またも夜中になってから強い陣痛が始まりました。病院へ電話をし、昨夜と同じ助産婦さんと話をすると、まだシャワーを浴びる余裕があることと、初産だということから考えると、この陣痛は出産の始めの段階。子宮口が開き始める頃だろうということで、病院へ行くには早いと言われました。正直、悩みましたが、きっと彼女の経験の方が正しいのだろう

と信じ、もう少し待つことにしました。

　7分おきくらいに強めの陣痛が来て、その度に僕が痛みが和らぐようにカズエの腰をさすっていたため、二人とも全然、寝られませんでした。それでもカズエは食欲はあるようなので安心しました。出産は体力勝負です。朝8時くらいになって再び陣痛がひどくなり始めました。でも病院へ電話をしても、また「まだ早い」と言われるかもと思うと判断に困りました。

　ちょうど隣の学生のお母さんが朝食の準備にキッチンへやって来たので、ここぞとばかりに診てもらいました。彼女の印象からすると、まだ顔色も良くて、元気そうだから大丈夫だとのこと。病院よりも自宅にいる方が落ち着くよと言われ、なるほどと思いましたが、病院の方が安心な気が……。

　10分間隔くらいで陣痛が続く中、家の前の芝生で昼食を食べ、しばらくたった午後3時頃にふたたび陣痛が激化。しかしこの時には、隣室の学生親子はエーランド島の観光へ出かけてしまい不在でした。そこで僕たちの担当の助産婦さんの家を訪ねてみることにしました。彼女はカペラゴーデンから徒歩2分の同じ村内に住んでいます。初めて自宅にうかがったのですが、運良く庭の手入れ中で在宅。事情を話すとすぐに血圧計などを持って来てくれました。

　その場で内診を行なった結果、子宮口が開き始めているから、もう出発させますと病院へ電話をしてくれました。さらに陣痛時の呼吸法を、確認の意味も含めて再度練習。このアドバイスは実際の出産時にとても効果的でした。

　しかし、いざ出発するとエーランド島（カペラゴーデンのある島）とスウェーデン本土を結ぶ橋が珍しく大渋滞。普段の倍くらいかかって、やっと病院へ到着。今回は助産婦さんと、さらに助産婦になるための研修生の二人が担当で、すぐに検査。もちろん即、入院。ついにというか、やっと入院できました（笑）。

　出産が始まるまで2回入浴。リラックスし、痛みを和らげるだけではなく、子宮口が開くのを促すそうです。浴室内はロウソクの光だけで落ち着く空間になっていました。何か痛みを和らげる処置を希望するか聞かれました。元々は何もしない予定でしたが、両親学級でも聞いていた鍼（はり）治療がこの病院

ではできるというので、試してみることにしました。眉間に一本だけ鍼を刺すシンプルな方法でした。効果のほどはよくわかりませんでしたが、治療後に陣痛の強さ記録を見ると、1割ほど低下しているようだったので、何かしら効いていたのかもしれません。

　僕用のベッドを用意してくれて、体力を蓄えるために二人とも横になっているように言われました。果物ジュースなどの水分も数種類が用意されていました。1時間くらいの間隔で検査があり、5センチ、6センチとゆっくり子宮口が開きつつありました。時間がかかるんだなあと思っていたら、夜中の1時の検査では一気にほぼ全開。部屋の中が突如慌ただしくなりました。

　僕のベッドはすぐに片付けられて、準備が始まりました。この時点で助産婦さんは夜の担当に交代していたのですが、落ち着き具合と服の色が異なること、名札の役職名から助産婦さんのトップの人だったようです。研修生と、看護婦さんがサポートで、計3人が妻の出産を担当しました。

　まだ破水はしていなかったのですが、人為的に破水を起こし、出産を始めることになりました。その後はまるで戦場のよう（笑）。赤ちゃんが少し動いて降りてくると、妊婦の体勢を替えるんです。これには驚きました。仰向けにしたり、背を立てたベッドにもたれかからせたり、その時点で赤ちゃんが出て来やすい体勢を選ぶそうです。

　僕はカズエと一緒に呼吸を整えることに集中。息が乱れても、僕が目の前で正しいリズムで息をしてみせると、良いリズムが戻ってくるのです。看護婦さんが「一緒に呼吸をするなんて、どこで教わったの？」と聞かれ、自分で考えたと答えると感心していました。力む時に掴む取っ手がベッドに付いていましたが、さらに力が入るようにと、助産婦さんが脚を体で支えてくれていました。カズエいわく、「あれは蹴っていたよ」とのこと。

　胎児の頭にセンサーを取り付けました。細長い棒の先端に付いている渦巻き状になった針を子宮内に挿入し、見え始めている子供の頭に刺します。棒をねじると針が上手く刺さるようになっています。しかし、胎児が出て来るにしたがって、頭の位

置が変わるのでその都度、取り付け直す必要がありました。これを取り付けることで直接、胎児の状況が数値でわかるようになるわけです。出産は母胎にもつらいことですが、胎児にも大きなストレスがかかっているのですよね。

途中から点滴で栄養補給をしながら、陣痛の合間には笑気ガスのマスクをし、呼吸を整えます。そして3時頃、もう一息の所まで来ているのですが、まだ子供は出て来れず、会陰切開をすることになりました。その後はアッという間。ポンッと5月26日3時17分に出産。赤ちゃんはすぐに母親の胸の上に置かれ、事後処理をした後、僕たち以外は皆、部屋を出ていってしまいました。赤ちゃんの体を拭かないまま（血なまぐさい）、親子だけの時間となりました。なるべく早くから母親との接触を図ることが大事なのだそうです。

余韻に浸ったり、赤ちゃんを触ったりしているとあっという間に3時間近くが経過。しかし、助産婦さんたちが戻って来る気配がまったくないので、忘れられたのかと思ったほど（笑）。まず親子3人だけの時間をくれたのでした。

とりあえず両親にでも報告の電話をしようと思い、ナース・ステーションへ行くと、皆さんはコーヒータイム中でした（笑）。写真を撮って、病院のホームページに掲載してあげるから、その後に連絡すると良いと勧めてくれました。

スウェーデンの大抵の病院では生まれてすぐの子供の写真をホームページ上に載せており、友人、知人や、遠くに住んでいる海外の家族にもすぐに子供を見せることができるようになっています。お猿さんのような赤ちゃんが出産時の身長、体重や簡単な挨拶文を添えて1年間公開されています。

出産後、3日間入院

その後、家族室（入院室）へ、ベッドに横になったまま移動。父親も一緒に滞在可能なので、僕用のベッドも用意してもらいました。スウェーデンでは出産後の入院期間は3晩ほどが一般的で、早い人だと2日で退院してしまうそうです。僕たちは出産時間などの関係で計4泊。妊娠判明からここまで経済的負担は皆無（正確には超音波検診時に写真をプリントしてもらうた

めに100円くらいを支払っている）でしたが、この入院には一日あたり約1000円ほどかかりました。それでも3食すべてと軽食、診察なども含まれているので、とても助かります。レストランから配膳される食事は美味しかったのですが、出産直後の疲れている体（カズエ）には濃いめの味付けはちょっときつかったようです（笑）。

　家族室に移ってから初めて知ったのが、赤ちゃんが胎内で飲んでいた羊水をよだれのように吐いていること。最初の数日間のウンチもまったく違う色で、真っ黒だということもこの時知りました。出産翌日は特に診察らしいこともなく、疲れを取るためにゆっくりしました。一度も母子が離ればなれになることがなく、一緒にいられるのは、とても良いことだと感じました。

　入院期間中、授乳法、お風呂の入れ方等を教わりました。子供が落ち着かない時は、親の指をくわえさせると良いと聞き、オムツ替え時に試してみると効果抜群。こういうちょっとしたテクニックは親元を離れて暮らしている僕たちにはとても貴重です。

　検査のための採血も行ない、3日目には小児科医による診察がありました。身長、体重を計測してから小さな聴診器で心音を聴いたり、瞳孔の動きを確認。滞在期間中にはたくさんの試供品ももらいました。オムツや、クリームなどから写真フィルムまで、赤ちゃんの誕生した家族へ向けての売り込みが早くも始まっているのでしょう（笑）。

　誕生2日後、肝心の名前を決定しました。萌（もゆる）です。草木が芽生えるという意味のある言葉でスウェーデンのこの時期にピッタリだと思いました。スウェーデンでは名前を決定するまで、なんと3ヵ月もの猶予があります。じっくり考えるためだそうですが、すぐに決めちゃう人も多いそうです。僕の生まれたドイツでは逆に24時間以内だったらしいです。これも慌ただしいですね。

　退院当日は、僕たちが日本人だということで、通訳を交えて細かい話になりました。僕はその時、車のベビーシートを借りに出かけていたために不在でしたが、来院時から出産中の処置（注射や各数値等）、退院後などの確認を行ないました。移民の

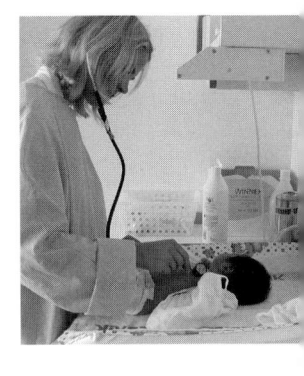

とても多いスウェーデンでは病院が通訳を簡単に手配できるようなシステムが整っているので、大事な話や専門用語が多い時などはとても助かります。

親子3人での生活が始まる

　退院してカペラゴーデンへ帰ってくると、校内にはすでに無事出産が終わったとの報が伝わっていて、病院のHPをプリントした物が掲示板に貼り出されていました。僕たちにとって一番幸いだったのは、家が校内にあったことと、僕がすぐ近くにいられることでした。出産直後はすべてが初めてなので、とても疲れますが、食事は校内の食堂から持ち帰ってくることができるので負担は少なくすみました。子供の泣き声で隣室の学生に迷惑をかけないかと思ったのですが、まったく気にしていないとのことでこれも助かりました。お風呂は共同のシャワー室で入れていて、10日くらいは嫌がっていましたが少しずつ落ち着くようになりました。

　日本の育児書にはお散歩デビューは出産1カ月後からと書いてあるようですが、スウェーデンではまったく逆なのです。帰宅したら翌日からでも外へ行きなさいと言われました。「外はこんなに天気が良く、気持ちが良いのだからどんどん出かけるといい」と言われ、街はさすがにダメでしょと聞くと、「いや、いろいろな所に一緒に行き、たくさんの物を見せてあげなさい」と言われました。早速、ベビーカーを使って校内を巡ろうとしたのですが、地面が土や石の学校敷地内では揺れがひどく、抱いて歩くのが賢明とわかりました。スウェーデンでは大きなタイヤと共に、フレーム全体がバネのようにしなる、衝撃吸収と乗り心地の良さを兼ねた立派なベビーカーが売っていますが、その当時、僕たちが使っていた物は舗装された都会向けだったようです。

　というわけで、生後1カ月に満たないうちから散歩にたくさん出かけ、義母がこちらへ来ていた時期には、レンタカーでガラス工房や、スウェーデン王室の夏の別荘見学へ出かけました。そのお陰かどんなに泣いていても、外へ連れ出すとピタリ

と泣きやむようになりました。綺麗な空気がわかるのでしょうか。

　オムツ交換など一日のパターンがわかって落ち着いてきた頃、子供のスウェーデン住民登録の準備を始めました。さて、どうしたものか？と思ったところ、封書が届き、そこにはスウェーデンのIDナンバー（生年月日と4桁の数字）が表示されていて、名前が決まったら報告するように書かれていました。出産した病院から自動的に情報が伝わっていたようで、役所に出向かずにすみました。

　もう一つ、気になっていたのがスウェーデンの児童手当（直訳すると児童手当ですが、育児手当と言った方が適当かも）のこと。僕たちは外国人だけれども申請可能なのか気になっていたのですが、驚いたことに、これも封書が自動的に届きました。スウェーデンの国籍を得ることはできませんが、学生として滞在している外国人でもスウェーデンに半年以上滞在している場合は受給資格があるそうです。振込先を連絡せよとのお知らせだったのです。

　ここでちょっと日本とは比べものにならないほど充実している、スウェーデンの育児補助について紹介しましょう。この児童手当は月々約15000円（当時）ほどですが、まったく期待していなかった僕たちにとっては、とてもありがたい収入でした。16歳まで無条件で受給でき、単純に計算しても総額で300万円になります。子供の数が多くなると、支給額はさらに増額されます。

　育児休暇を取ることも可能です。この休暇は仕事をしている者であっても、1/4日などの短時間から、数カ月のような長期間（時期や期間などは自分たちで決めることができる）の休暇を取ることができ、その間の給料や復帰後のポストも保証されるのです。僕のような学生や無職の者でも、最低支給額（一日3000円くらい）が保証されています。子供一人あたり、両親合わせて計480日分の権利があるので、出産後でも安心して子育てに専念できるというわけです。

　スウェーデンは税金がものすごく高い（たとえば、日本の消費税に相当する付加価値税は25パーセント。給料は半分は税金に取られる）のですが、子育てをすれば元を取れるというく

らい各種補助が充実しています。学費は0ですし、学業手当（奨学金に近い。大学生だと月10万円くらいもらえる）まであるのです。

　これらの政策が功を奏してきたのか、現在（2007年前後）のスウェーデンはベビーブームとなっています。かなり魅力的な少子化対策と言えるでしょう。

　スウェーデンの新聞紙上には出産告知の写真を掲載するスペースが設けられています。出産した病院にカメラマンが週3回やって来て、新聞告知用に撮影（無料）してくれるというので、退院から数週間後、再び赤ん坊を連れて病院を訪れました。当然ともいえますが、写真の焼き増しや引き伸ばしをしないかと売り込み（もちろん有料）がありました。何も注文しないと新聞に掲載されるだけですが、ちょっと考えた結果、日本の両親向けにちょうど良いなと思って3枚セットのプリントを注文しました。

　数日後、地元のローカル紙に紹介文と共に掲載されました。文には「ヴィックルビー村カペラゴーデンのカズエとイクルが5月26日に男の子を授かりました。名前はモユル、体重3745グラム、身長51センチ」この後、さらに3紙ほどの新聞に掲載されたようです。影響はすぐに現れ、モユルを連れて散歩をしていると見知らぬ人から「おめでとう！新聞見たよ」と何度も声がかかるようになりました。日本人の赤ん坊は珍しいのか、結構注目の的。親になったことを強く実感しました。

よくある質問

Q　私もスウェーデンで家具の勉強をしたいです。経験はありません。
Q　スウェーデンで家具作りになることを決めました。まだ経験はありませんが、やる気はあります。

A　一番よくいただく質問です。要約すると、「経験はないけれども、留学してみたい」ということですね。
　僕の答えは……あなたがよほどの天賦の才を持っているのでなければ、いきなり外国へ行こうとするのはやめるべきだと思います。まずは物作りの大変さを、日本にいる間に知っておいた方がよいでしょう。物作りを学ぶ事は、語学を学ぶのとは大きな違いがあるからです。
　家具でも陶芸作品でも、ショールームに並んでいる素敵な物を見れば、良いことばかり思い描いてしまいますが、実際は何時間、何日、場合によっては何か月もかけて、たった一人の世界の中で、地味な作業を根気よく続けることもあるのが現実です。それができるか、そして、それに耐えられるかを判断しておくことが特に重要だと思います。我慢強いから大丈夫！というレベルではなく、むしろ夢中になって時間を忘れ、その世界に没頭できるくらいじゃないと難しいでしょう。
　最低１年は、物作りを経験した方がいいと思います。あなたが秘めた才能をお持ちならば、楽勝でこなせるかもしれませんが、もうちょっと客観的に考えてみる時間はあるはずです。手に小さな怪我をすることなんて日常茶飯事です。爪の中が真っ黒になる（笑）のを嫌がっているようではやっていけません。

Q　私も外国で勉強したいです。でも、英語はほとんどできませんが大丈夫ですか？

A　なんてチャレンジャーな質問（笑）だと思いますが、スウェーデンに来れば基本的に、すべてがスウェーデン語もしくは英語となります。少なくとも、語学に自信がないなら、説明や手本を見ただけで理解できる実力（要するに家具作りの経験）があった方がいいでしょう。家具製作の経験が少ないのならば、それを補えるだけの会話力と説明を理解できる語学力を持ちましょう。どちらも欠けているようでは、どこへ行っても毎回かなりの苦労をすることになりかねません。
　でもですね、時々、会話力も経験もそれほどないのに、楽勝で皆の中に溶け込んで日々を楽しめてしまう人がいるんです。やっぱり才能（残念ながら、僕にはこういうものはないようです）なのかなーと思ってみたりもします（笑）。
　逆に、言葉などはまったく問題なくても、人付き合いが全然ダメで、即日ホームシックになるという場合もありえます。

→次ページにつづく

Q　カペラゴーデン（もしくはスウェーデン）こそが、私の求めていた場所だと感じました。

A　この本の中で紹介してきたことや、僕のウェブサイト上のコンテンツ、さらには様々な雑誌に掲載されている記事の影響は非常に大きいですし、良い話ばかりを聞いてしまったら誰だって理想を膨らませてしまうことでしょう。しかし、僕はあえてマイナスのイメージを持たせるようなことを書かないようにしています。もちろんスウェーデン生活はバラ色の日々だなんてことも書いてはいませんが、不満や愚痴を書き連ねても読んでいる方は面白くないでしょうし、僕自身もそういうことを書きたいとは思っていません。
　留学前はやる気満々でも、現地で生活し始めると大抵はいろいろなことで壁に突き当たります。そういうことが（ほぼ確実に）起こるということを予期し、それに対処していく能力は、ある意味、作品の出来よりずっと重要です。それこそが留学生活の一番の支えになると僕は思います。

Q　日本の家具工房で働いています。本場で働きたいのですがお勧めの会社とかはありますか？

A　これも比較的よくいただく質問です。厳しいようですがズバリ書きます。ＥＵ加盟国の国籍でない者が働く事は、非常に難しいというのが現状です。雇用すると言ってもらえたとしても、労働ビザが下りなかったという話は決して珍しいことではありません。
　家具職人は世界中に山のようにいます。それなのに、素性も実力も、言葉がうまく通じるかもわからない外国人を雇おうと考える奇特な工房は、かなり限られるでしょう。外国人（非ＥＵ人）を雇うことで、ＥＵ人の家具職人が職を得る機会を奪うことにもなりますし、おそらく補助金や保障などの点でも雇い主には不利益が生じます。当然ながら、移民局（入国管理）はビザの発給をかなり厳しくしていますから、雇い主はＥＵ人でなく日本人を雇うだけの正当な理由を示さねばなりません。
　よって、あなたがよほど運に恵まれていて、ずば抜けた実力、仕事に全く支障のない会話力などを持ち、かつ、あなたを雇いたいと思ってくれる人を見つけることができない限り、いきなり働かせてもらおうというのは無茶だと思います。最初は学生として勉強しながらネットワークを増やしていくのが、現在考えられる最善の策だと思います。

第3部　マルムステンCTD

マルムステン校での日々が始まる

　ついに2003年8月19日火曜日から新しい学校生活が始まりました。

　カペラゴーデンとは異なり、マルムステン校はストックホルム市内にあるビルの中に点在しています。家具製作科と家具デザイン科は3階にありますが、家具修復科は1階、講義室は5階という感じです。このような環境のため、作業場、機械室共にカペラゴーデンと比べると非常に狭いスペースです。初日は校内の案内や鍵の支給などが行なわれ、各科毎のミーティングがありました。

　そして、2日後にはストックホルム郊外の群島へ船に乗って小旅行に出かけました。これは1年生同士の親睦を図るための旅行ですが、早速課題も。どのような内容、方法でもよいからこの島の自然、歴史などについて各科毎のグループで発表をす

るよう指示されました。ただし、この島は自然保護区になっていて、何も持ち帰ることはできませんので、スケッチや写真とメモだけが発表資料となります。

降り立ったのは居住者は管理人の家族のみという小さな島。島内を散策した後、水辺で昼食となり、お喋りをしたり、発表のアイデアを考えたりと、ゆっくりと時間を過ごしました。家具修復科の者たちはワインを持ち込んでいるほど。来る前はまさかこんなに綺麗な場所だとは思いませんでした。

その後の数日もまだまだオリエンテーションが続きました。その中でも、作業時や着座時の姿勢の話は興味深かったです。家具製作の過程ではどうしても体を使うことが増えてしまいます。どのような姿勢が体に負荷がかかるかなど、これからの3年間を気持ちよく過ごすための説明が行なわれました。他にも木工作業中に起こりえる事故を想定したファースト・エイド講習なども行なわれました。

そして機械の使用法、安全管理、清掃手入れについての説明が丸2日にわたって続きました。もちろん全員が機械の使用経験があるわけですが、それらの再確認を含めて、細かいところまで話が続きました。見学時や受験の際にも感心していたのですが、作業場も機械室も綺麗に整理整頓されているのです。常にこの状態を保つように心がけるように言われました。散らかった作業環境では、不慮の事故が起きるリスクも高まりますからね。

翌週は鉋製作実習が行なわれました。他のコースの1年生も対象で、なんと朝8時から夜8時までという集中コース。鉋の製作を通して、手道具の各部の構造、働きを学びます。自分で使う道具を、自分で作るということは構造をしっかり理解できますし、使用中にもどこを調整すればよいかすぐにわかるようになるはずです。

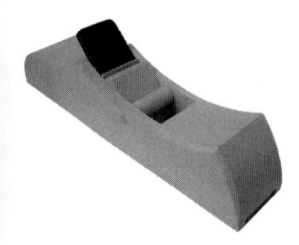

製作した鉋は、講師が考案した洋鉋と和鉋のお互いの長所を採り入れた物。製作と並行して講義も行なわれました。彼の勧める製作法は非常によく考え込まれていて、シンプルな工程ではありながらも、精度の高い物を作りやすく感じました。これまで僕は日本の鉋ばかりを使ってきましたが、このように0から鉋を作るのは初めての経験でした。各々、ちょっと変わった

形状の物を作りました。使い込んでみないと調子が良いかはわかりませんが、どんな感じでしょう。

最初の課題

　1年生最初の製作課題が発表されました。壁に取り付けて、大皿などを立てかける棚です。マルムステンがデザインしたシンプルな物ですが、美しい物を作るということを最優先に考えると知るべきことがたくさんありました。課題発表後の講義では、「この曲線を加工するには、どんな方法が考えられるか？」などの各部位、工程に関しての質疑応答が行なわれました。たった5人の学生に対して一人の教師が付くのですから、ある意味非常に贅沢ですね。

　作り始める前に、まずは材木屋へ出向き材料の選択をしないとなりません。長さ2メートル半ほどの松を一つずつ見ていきながら、木目が真っ直ぐに通っていて、緻密な材を探します。何十本と見ていくので、その中から一つの材を選び出すのは結構大変です。材木屋さんからは「マルムステン校の学生はちょっとしか買ってくれないのに、すごく長く居座るから困っちゃうねー（笑）」という感じで冗談を言われてしまいました。そりゃそうですよね。

　一人一本ずつ購入した材から、材料取りを行ないます。どの部分を側面にし、棚板にするか、そして真っ直ぐ通った木目で、芯材（赤みが強い）をなるべく避け、さらには正面になる面の見え方も考えながら取り出すことが理想です。この時点で、組み手加工のことも想定しておかねばいけないので、パズルのように悩みます。でも、これを怠ると接着面が組み手の外に見えてしまうことになりかねないのです。

　棚を壁に取り付けるために真鍮の金具を取り付けます。木の面より少し（0.2-0.3ミリくらいが理想でしょうか）だけ表面が上になるように埋め込み、その部分をヤスリで削り落とすことで平面にします。下準備とネジの正確な取り付けができていると、ネジ溝以外は綺麗に見えなくなります。

　棚を横に貫く棒を加工する際、他の皆は機械を使ったのですが、僕は手でやった方が早いと判断し、鉋で形状を整える方法

を選択しました。側板の曲面を作る作業では、ある者はフレース盤で、またある者はベルトサンダーで形を整えましたが、僕は曲面を削る南京鉋で加工してみました。このように、作る物は同じでも行程ごとに各々が製作法を判断し、決定していきます。

　ほぼすべての加工が終了後、全体を接着します。マルムステン作品の中では珍しくこの棚は角の面取り具合の指示があるので、接着完了後に紙ヤスリや鉋、ナイフを使って追加の加工をします。今回はデーニッシュ・オイルを選択して仕上げ塗装を施すことにしました。目の細かいスポンジを使用して薄く伸ばしながら塗布し、10分後くらいには余分なオイルをふき取り乾燥させます。好みによって、2度、3度と重ね塗りをします。

　いかにして材料取りを上手に行なうかが、家具製作においては重要なのですが、材次第ではなかなか思い通りにはいかないのが現実です。松の赤い部位（木の芯に近い側）を理想では壁側に寄せたかったのですが、どう考えても僕の選んだ材料ではそのように材を取り出すのが無理だったので、壁に接する側と、板の中頃にも赤身を持って来ることにしました。それに合わせて、下の棚板も同じように赤身を2カ所にしています。それぞれ3枚の板を接いでいるのですが、満足できる綺麗な木目になったと思います。

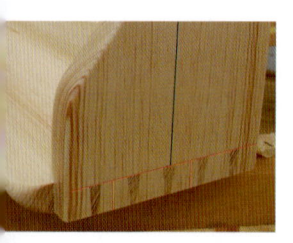

　先に述べた「接着面が組み手に現れないように加工」する方法の説明もしてみましょう。黒線が側板の接着位置、赤線は棚板の接着位置です。もし、これらの位置がずれて組み手部に架かってしまうと、断面に接着線が見えてしまうのがわかりますか？機能上はまったく問題ありませんが、少しでも美しい物を作るためには考慮することがたくさんあるのです。

　完成後に発表と審査が行なわれ、この課題製作の要点や、各工程でどのような製作法を選んだか、他にも気づいたこと、失敗したこと等を皆の前で話します。この発表は教官による確認テストも兼ねていて、口頭でのやり取りを経て、しっかりと理解を伴った時間を過ごせたかを確認されます。この時、卓上に5人分の作品を並べたのですが、それぞれ微妙に違う仕上げや曲面が見えてきます。

　5人ともほぼ完璧に製作できていたのですが、教官による審

査では、かなり細かい所まで見ていて、曲面や面取りが一定かどうかなども触りながらチェックされます。ちゃんと処理していたつもりでも小さな留意点を指摘されてしまったり、逆に考慮さえしていなかった部分を気づかれてしまったりと油断なりません（笑）。オイル塗装後の磨きがいまひとつだったりすると、それも教官の指先に感じ取られてしまうのです。

　材の選択、製作過程から仕上げまですべてにおいて完璧であると判断された場合のみ、カール・マルムステンの焼き印（CMスタンプ）を押すことができるのですが、今回は該当者なし。先生からの講評では「もちろん全員合格だけれどもスタンプをあげられる段階ではまだないと思う」とのことでした。この後に2年生と話してみると、昨年も一人としてスタンプをもらえなかったそうです。

　さあいよいよ、ここが本当に厳しい所だということがわかってきましたね。

マルムステンの机

　前の製作課題と並行して次課題の講義が始まりました。二つめの製作課題はマルムステンの机。条件は突き板を使用して模

様を作るようにデザインされている物となっていました。マルムステンの作品ファイルの中から、各々が気に入った物を選び出しました。合板で作られているテーブル（特に伝統的な工法で作られた物）は水分に晒される可能性の高い食卓などには適しませんが、リビングルームで使う、ソファーテーブルやボードゲーム用の机などに課題の条件に適した物が揃っていました。

　最初は製図実習から始まります。それぞれが選んだ机のオリジナル図面を元に新たな図面を紙に描き、レイアウトなどを確認した後、製図フィルム上に製図ペンを用いて描き上げました。僕が作ることにした丸テーブルは現在も生産されている物の特注品として天板（テーブル板）のデザインが変更された物で、白樺の突き板（薄い板）を放射状に貼って形成する模様が通常モデルよりも複雑になっています。

　1年次の課題ではこのように、無垢の木ではなく、突き板の扱いと合板の作り方を学ぶことが大きな目的となっています。これは数年後に挑戦する職人試験で必須のテクニックですので疎かにできません。

　5人とも作る物は異なりますが、皆が知っておくべき製作技術についてさまざまな材種の突き板見本を見ながら講義が行なわれました。今回は3人の学生が長方形の天板を持つ机、そして僕を含めた2人が丸テーブルを選びました。この講義で得た知識を加味して、製作をどのように進めるかの工程表を各々が書き出して提出することになりました。ここで他の皆と比べて僕の不利な点「スウェーデン語」の壁が立ちはだかります。まあこれは、ちょっと大げさな表現ですが、図書室で辞書を片手に工程表を書くことにしました。この図書室にはグスタビアン様式（17から18世紀に栄華を極めたスウェーデンの家具様式）の椅子があるので使ってみたかったのです。もっとモダンな椅子もあるのですが、この時はこの旧式の物が気に入りました。さまざまな家具を普通に使用し実体験できることは家具の学校では必須のことでしょう。

当初僕が選んだ物は、他の皆が選択した物よりも難易度が低いだろうと感じていましたが、実際はそうではありませんでした。オリジナル図面の状態が悪かったため、いくつかディテールなどで不明な点が見つかりました。特に天板の木目の向きや材種が判別できなかったので、マルムステンに関するあらゆる資料が揃うマルムステン財団へ連絡を取り、資料閲覧の許可をもらうことにしました。

　資料倉庫から見つけ出した図面を確認すると、なんと誰も想像もしていなかったことが判明してしまったのです。当初考えていたことは「中心から放射状の木目になるように突き板を並べ、その後に黒いリングの溝を加工する」と考えていたのですが、実際は「リングを境に木目が交差する」ように突き板を並べることが図面に指示されていたのです。簡単に言うと、24枚の白樺の突き板（一枚の中心角は15度）を放射状に並べ、かつ、僅か4ミリ幅の溝の部分で突き板の向きが変わっていないとならないのです。しかも、両面共、同じように24枚の突き板を貼らねばなりません。

　完璧な加工を目指すことを考えると、それまで考えていたよりも難易度がはるかに高くなってしまいました。はっきり言って、めちゃくちゃ難しいのです。5人の中でも、ある程度は時間の余裕を持って作業ができると楽観していたのに、それは一転し、最高に難しいのではないかという状態になってしまいました。財団に問い合わせなければ良かったですね（笑）。

　さすがに一人では手に負えないので、教官と製作技法について再検討をすることになりました。さらにはこのテクニックのためだけに特別講義が設けられるほど。「イクルはとても興味深い作業をすることになるから要チェックね」とプレッシャーまでかけられることに（笑）。提案された方法はちょっと離れ業のようにも思えましたが、その反面、一番妥当に感じるやり方でもありました。

　上手く作れるか心配になってしまいましたが、ここで弱気になっても仕方ないので早速作り始めることにします。

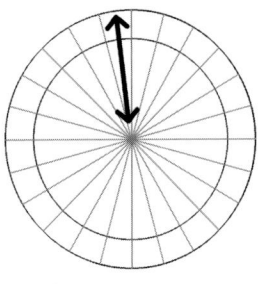

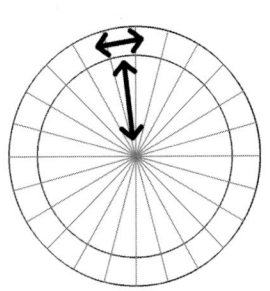

機械との知恵比べ

難易度の高さから先が思いやられるスタートとなりましたが、とりあえずは合板の芯材を作ります。通常の家具向けの材よりも高い乾燥措置が施されている松の角棒を並べて板状にします。しかし、ここではお互いを接着せずに、この板の両面に木目が交差するようにアバチ材（1.5-2ミリくらい）の突き板を接着することで板とします。さらにその表面に装飾となる白樺が貼られるという構造です。当然ながら、ここで最終寸法の厚さになります。

カペラゴーデンでも同じように突き板の扱いを学びましたが、マルムステン校ではまったく違う方法を採用していました。特に突き板同士の接着法が異なり、結果は同じでも明らかに作業効率が良いので目から鱗の体験でした。カペラゴーデンなどで行なわれている通常の方法は「デンマーク式」らしいのですが、マルムステン校ではそれをさらに工夫した「マルムステン式」なのだそうです。この接着の出来が合板の質を大きく左右することになり、うまくできれば接着面は木目の変化でしか判別できないほど密になります。左はこの部分を拡大した写真です。2枚の突き板の接着面があるのが分かりますか？隠れてしまうアバチ材の準備は気楽ですが、白樺の方はこのようにきっちり合わせる必要があります。

芯材である松と表面の白樺の間に入れるアバチ材には、芯材がねじれたり反ったりする動きを抑える（正確には影響を小さくする）目的があります。その状態で白樺を貼ると、湿度変化にも影響を受けにくい良質な板が出来上がるという理屈です。この接着時にも注意が必要です。接着剤の分量が適切でない部分があると、そこだけ空気が入ったように浮いてしまう可能性があるのです。気持ち多めに接着剤を塗れば良いのですが、多ければいいというわけでもないので、要領がつかめるまでは緊張が続きます。もし浮きが発生してしまった場合には、その部分にナイフ等で切れ目を入れて注射器などを使って接着剤を流し込み、再圧着しないとなりません。

松の芯材に対し、木目の交差方向に最初の突き板（アバチ材）

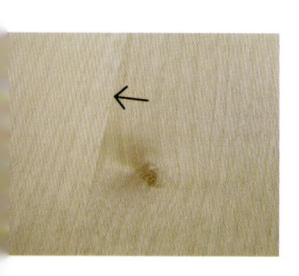

を両面に貼り、この上に芯材と同じ木目方向（アバチ材とは木目が交差する）で化粧板となる白樺を貼ると先ほどは記述しましたが、実は今回のように表面に突き板で作った模様（一定方向ではなく、さまざまな木目方向になる）がある場合はもう一手間が追加されます。アバチ材の次に斜め45度の木目方向でもう一枚の突き板（白樺）を貼ります。木が変化する（この場合は化粧面となる表面の白樺）のを少しでも緩和させるためのテクニックです。

　今回は芯材の松、芯材の動きを止めるアバチ（両面）、斜めに貼る白樺（両面）、表面の化粧板になる白樺（両面）の全部で7つの部材を使って合板を作るということです。

　とりあえず、表面の白樺材を貼る前の状態までは難なく完了しました。しかし、ここからが大変なのです。まずは放射状に貼る突き板を少し大きめにナイフで切り出すことから始めました。当然、この時までに木目の見え方を熟考しておかねばなりません。3年ほど前に2本購入し、これまでは使用する機会がまったくないままだったナイフがついに役立つ時がやって来ました。左右2本（木目の流れに合わせてカットするために刃の向きが異なる物が必要）を完璧な状態に仕込んでいたので、切れ味もさることながら、仕上がりも抜群によくなりました。日本のナイフの素晴らしさに惚れ惚れです。荒取りとはいえ綺麗に加工できていれば、後に控える作業もやりやすくなりますし、やっぱり嬉しいものです。

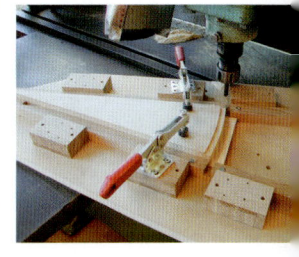

　ここからは機械を操りながら加工を進めます。まずは木目が異なる2枚（内側と外周部）を正確に接着できるように加工することから始めました。治具（加工を効率良く繰り返すために使う）の上に24枚の突き板を固定し、左側の軸を支点としながら板を回して溝掘り用のカッター（ドリルのような物）で切削します。ここが一つ目の接着面になります。

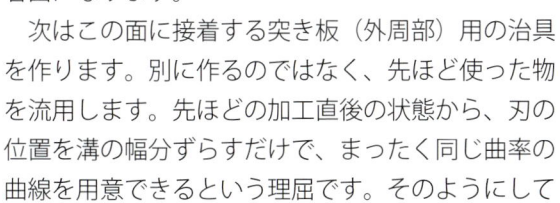

　次はこの面に接着する突き板（外周部）用の治具を作ります。別に作るのではなく、先ほど使った物を流用します。先ほどの加工直後の状態から、刃の位置を溝の幅分ずらすだけで、まったく同じ曲率の曲線を用意できるという理屈です。そのようにして

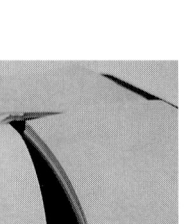

作り出した治具用の板（一つ前の写真の右半分とわかりますか？）の上に、外周部になる突き板をセットして切削します。言葉で説明するだけだと難しいですよね。僕も混乱しそうです（笑）。もう完全に機械との知恵比べという様相でした。

両方とも正しく加工ができていればピタリと一致するはずですが、結果は想像以上に素晴らしく隙間なく完璧な接着面を得ることができました。良いアイデア、治具と適切な道具を使うことで正確な加工ができることがよくわかりましたが、実際の加工よりも下準備の方が圧倒的に時間がかかっていました（笑）。

日本では手作業だけで物を作ることが良いことだという風潮があるようですが、機械をひとつの道具として見ると考え方は変わってきます。手道具と同じように良好な状態に保ちながら、その機械でできる最高の加工を行なうことが一番重要なのです。正直ここまで良い結果を得られるとは思っていなかったので驚きました。

そして今度はそれぞれの中心角が15度になるように正確に加工します。まずは12枚で180度（半円）となるように、予備の突き板を使いながら何度もテストを繰り返して治具を正確に調節します。もし、一枚当たり0.5ミリのずれだったとしても、12枚を合わせるとそれは6ミリもの大きな誤差となってしまうからです。理想は180度よりもほんの少しだけ（1ミリくらい）大きく作り、はみ出た部分をナイフや鉋で切り落とします。その2枚を合わせれば真円になるはずです。

この調整作業には予想以上に手間取ることになり、なんと7回も（加工自体は5分くらいで簡単なのですが、問題はそれらを並べてテープで固定し、精度を確認する作業に非常に時間がかかる）やり直した後に、やっと理想に近い半円を作り出すことができました。そして、この二つの半円同士を接着すると一枚の円となった化粧板が完成します。

と、ここまで要領よくこなしてきたように見えますが、実際は何度も失敗を重ねていました。ここまでの過程も練習用の板をご覧いただいています。ここまでするには訳があるんです。いま、思い出すともうこりごりなのですが、この表面の突き板製作は「数時間中」に必ず終えなければいけないのです。休む

暇はありません。ちょっと想像し難いと思いますが、内側と外周部の接着を前日に済ませ、翌朝から中心角15度の加工→厚さ1ミリ以下の突き板を12枚接着→完璧な半円に成形→半円同士を接着→芯材に接着。しかも、本番では表裏の2枚を同時にやらなければなりません。

　理由を簡単に説明すると、木の変形が大問題なのです。これまでにも何度も書いていますが、木は温度や湿度変化で膨らんだり、逆に縮んだりします。大きい材ならば影響は少なくても、薄い突き板には影響がすぐに現れます。通常ならば変形（多くは幅方向の収縮）が起きても、その力を逃がせるのですが、今回のように真円の場合はそうは行かず放射状に木目が配置してあるために、変形を吸収できなくなってしまうんです。両面に同時に貼るのも同様の理由です。もし片面だけに接着剤を塗布して接着した場合、大量の水分（高濃度の湿気そのもの）が片側にだけ作用してしまうため、確実に材は反り返ります。

　そんなにデリケートなの？と疑問を持ちますよね。はい、それではそう思って見事に油断したIさんの実例を元に見てみましょう。注：わかっているとは思いますが、Iさんが誰かなんて聞かないで下さいね（笑）。

　先ほどまでの練習用の材を使って、正確な半円に加工してから、それを完璧な接着面の真円とすることができました。中心部の処理が最高に難しい（糸のように細くなるから）のですが、上手くできたので大満足でした。練習の連続で疲れきっていたので、続きの作業は翌朝にすることにして、円になった突き板をそのまま一晩放置しておきました。

　そして翌日、テスト用のMDF（中密度繊維板の略。木質繊維の成型板）に接着剤を塗り、プレス機（全面に均等圧をかける機械）で圧着をし始めました。そして5分後、圧が正しく加わっているかを確認するためにチェックをしてみると、なんと見事な裂け目ができていたのです。

　原因は、材の変形以外に考えつきません。割けたということは縮んだという証拠ですよね。中心部の方が細いので、引っ張り力に絶えきれず大きく割けたと考えられます。接着剤の水分で膨らむ可能性も思いつきますが、それで許容できる変化量ではまったくなかったようです。プレスした瞬間に裂けたので

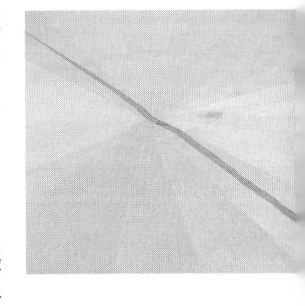

しょう。練習とはいえ完璧にできていたのでショックでした。でも一日で作業を終わらなければいけない理由を身をもって体験できたので良しとしましょう。2日にまたがったためにこのような結果になってしまったのですから。

　とは言っても、やっぱり悔しい。そこで今度はどれくらいの時間でこの作業ができるかを試してみることにしました。そう、まだまだ練習なのです。ちょっと早めの昼食後、中心角を15度にする加工から始めました。黙々と突き板をテープで固定して接着を進め、真円にしてプレス機へセットするまでちょうど3時間。先ほどの失敗した板の裏側に接着しました。工程にも慣れてきたようで満足できる結果でした。約1時間後に取り出してみると、今度は裂け目もなく無事に出来上がりました。

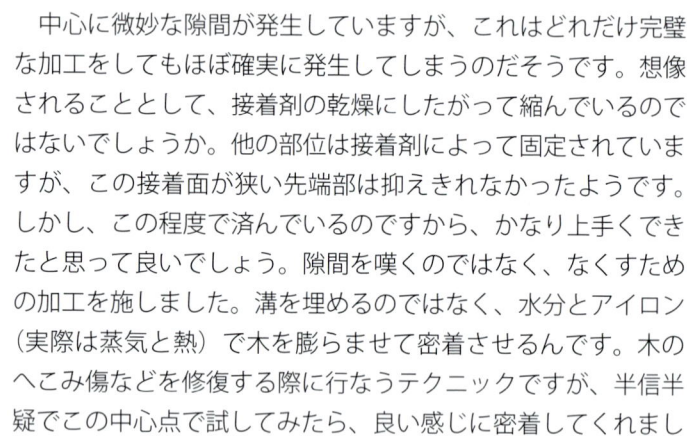

　中心に微妙な隙間が発生していますが、これはどれだけ完璧な加工をしてもほぼ確実に発生してしまうのだそうです。想像されることとして、接着剤の乾燥にしたがって縮んでいるのではないでしょうか。他の部位は接着剤によって固定されていますが、この接着面が狭い先端部は抑えきれなかったようです。しかし、この程度で済んでいるのですから、かなり上手くできたと思って良いでしょう。隙間を嘆くのではなく、なくすための加工を施しました。溝を埋めるのではなく、水分とアイロン（実際は蒸気と熱）で木を膨らませて密着させるんです。木のへこみ傷などを修復する際に行なうテクニックですが、半信半疑でこの中心点で試してみたら、良い感じに密着してくれました。

　これでやっと一通りの練習が終了しました。いよいよ本番に移りますが、今度は表裏2枚を同時に作り、両面同時接着、さらに正確な作業を行なうことが必須になります。

ソファーテーブル BERG が完成する

　そして休み明けの月曜日、本番の作業を開始。休み中に作業をどのように行なうかをイメージしておいたので、それを確認しながら加工を始めました。風邪気味で体調が悪かったのですが、そんな中で集中し続けながら約8時間ほどかけて両面の接

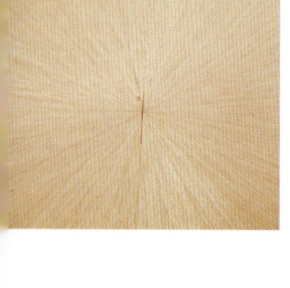

着まで辿り着きました。今度も裂けることもなく無事に圧着が終了しました。

　これが接着直後のテーブル天板です。中心角 15 度の 24 枚の突き板が並び綺麗な円となっています。もちろん裏側も同じ状態になっています。完璧に接着ができたと思っていたのですが、やっぱり中心部に少しだけ隙間が空いてしまったので、練習時と同じく修復加工を施します。現代の接着剤は強力な接着力を持っていますので、突き板程度ならば木の収縮による動きを十分に抑えられますが、古い時代にはそうもいきませんでした。特にこのような文様になっている物は同じような悩みを抱えていたようで、中心部に違う模様（たとえば星形）などを埋め込んで隠していたのです。この中心点をあえて見せるためには、高い加工技術だけではなく現代の接着剤の優秀さも必要だったのです。

　当初は離れ業とも思えたテーブル天板の製作作業でしたが、教官の的確なアドバイスもあって満足できる結果となりました。

　次は内側と外周の境（木目の向きが異なる）に 4 ミリ幅の溝を掘り、そこにパリサンダー（南洋材）の突き板をはめ込んでいきました。突き板は約 0.8 ミリなので、溝の深さは 0.5 ミリくらいにしておくのが理想です。まずは溝幅にぴったりと合う細長い一本の突き板をナイフで切り出しました。これを曲げながら少しずつ溝に埋め込みながら一周させるので木目は最初と最後の点以外はすべて繋がるはずです。

　しかし、大丈夫だろうと高をくくって練習をせずに、本番の作業に取り組んだのですが、溝に埋め込む作業が想像以上に難しく苦労することになりました。結局は練習用の板で同じように溝埋めの練習を行ない、要領もわかり素早く作業できるようになってから、もう一度同じ場所に溝を加工してやり直すことに。さすがに 3 度目だけあって、今度は綺麗に埋め込むことができました。

　次の加工に移る前に、練習用の板で試しておくことがありました。微妙に出っ張っている溝に埋めたパリサンダーを紙やすりやスクレーパー等で削るのですが、その際に生じるパリサンダーの黒い粉が白樺の突き板を汚してしまうのです。後から取

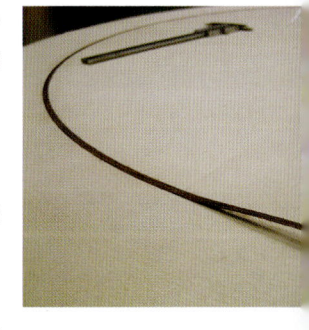

り除くのは非常に困難なので何か対策を考えないといけません。

まずは色の濃い材と明るい材をよく使うギター製作科（現在は廃科）の教官の元へ質問に行ってみました。そこで教わったのは、パリサンダーを削りつつ同時に掃除機で粉を吸い取ってしまう方法。実際やってみるとなかなか効果的です。しかし吸い込まれる前に木目内に入り込んでしまった粉は上手く吸い取れないので、まだ後処理が必要でした。

そして次に家具修復科の教官から教わったのはなかなか興味深い方法でした。本来は塗装仕上げに使用するシェラックを、あらかじめ薄く塗っておくのです。これで軽く表面をコーティングすることで、木目内に粉が深く入り込むのを防ぐという方法で効果は絶大でした。掃除機吸引と組み合わると綺麗に加工できました。

ついでに表面塗装の実験もしておくことにしました。アルコールに溶かしたシェラックを薄く数回（数層）に分けて塗ってから磨き上げると見事な輝きとなり、見る角度によって天板が異なる色（光）を発するほどになりました。

ただ、繰り返しますが、これはまだ練習用の天板なのです（笑）。

さて、メインの天板です。裏面の外周部を斜めに削り落としました。こうすることで、強度を保ちつつ、実際の厚さよりも薄く見えるという視覚的効果が現れます。削り落とした部位には、やはり白樺の突き板を一枚ずつ貼っていきます。隣り合う接着面が密になるように突き板を一枚ずつ貼っていくのですが、圧着時には気を使います。接着剤が塗ってある状態では、圧のかけ方次第で突き板が滑って移動してしまうからです。完璧ではありませんでしたが、とりあえず満足できる出来にはなりました。何よりも一日の作業時間内で24枚を貼り終えることができたのはちょっと自信になりました。

天板の縁となる白樺の板を貼り始めました。長さ約2.8メートル、厚さ3.5ミリの板を曲げながら接着します。一度にすべてを接着する方法も検討しましたが、15センチくらいずつを接着をする方が容易かつ綺麗に仕上がると判断しました。ただし、強い接着力が発生するまでは、最低1時間は圧着しなけれ

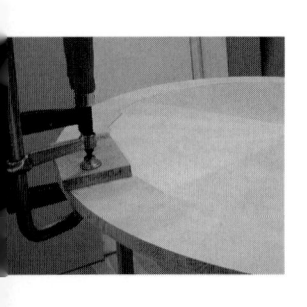

ばならないので一回りするまでかなり時間を要します。これを2周（2層）行なうことで、7ミリ厚の縁とするのですが、始点と終点（見づらいですが2層とも同じ場所）は直角ではなく約10度傾けて、断面が密着するように加工します。

　余分な部分は鉋で削り落としました。鑿や紙ヤスリで削ることも可能でしょうが、この部分は鉋での加工がベストと判断しました。天板上の突き板を傷つけないようにすることだけは気をつけないといけません。突き板は薄いので、失敗して傷つけたりすると一発で大変なことになるからです。とにかく綺麗に加工するために、工程ごとに気を遣いっぱなしで少々疲れます（笑）。

　天板上側の角は写真だとわかりにくいのですが、一段の角をつけています。そして、角の丸みは鉋でギリギリまで加工。この状態になっていれば紙ヤスリで仕上げるとしても素早く作業が進みます。やっと天板の加工が終了し仕上げの作業に移れます。

　仕上げ加工はまず下地の準備から始まります。木目に沿って紙ヤスリで表面を整えていくので、木目が交差する場や、天板中心付近は非常に気を遣います。そして練習用の天板で、塗装仕上げの試しをしてみました。シェラックを下地とし、蜜蝋（みつろう）で磨き込んでいますが、テストと言うにはもったいないくらいの美しさです。

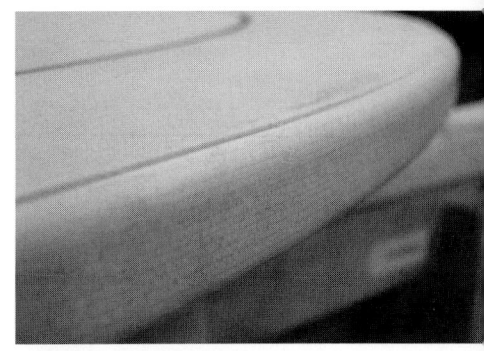

注：この天板は、練習用なので、木目の方向が放射状のみとなっています。

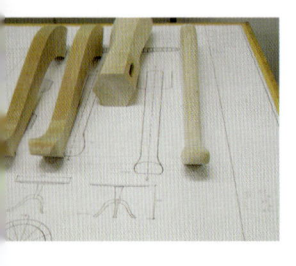

これが脚の支柱。2枚の材を貼り合わせているのですが、接着面が角になるようにして目立たなくさせています。6角形に加工した上部が天板の支えの板に固定されます。穴が掘られている部位には脚がつきます。

脚3本はフレース盤で加工しました。手加工でも良さそうですが、今回は同じ形状の物が3つあるので、機械を使用して形作ることにしました。この機械での作業は、治具さえあれば時間はあまりかからないのですが、正しい治具と、適切な作業法（刃への進入方法や、回転方向、材の固定法など）を選択しないと非常に恐ろしい思いをすることになります。手道具では切り傷程度で済んだとしても、このような機械の場合、ちょっとした油断が災いして、一瞬で指を飛ばしてしまうこともあるのです。

手道具、機械共に同じ加工をできることは大事ですが、それぞれの特性をしっかり把握し、不測の事態が起きても怪我をしないようにすることが求められます。簡単な例を挙げると、もし材が弾けたとしても、飛んで行く側に立っていないようにする、といったことです。

超高速回転中の刃物によって弾かれた材を避けるのは至難のわざです。よくて打撲、悪くて内臓破裂、最悪の場合は……。

これを未然に防ぐには、何かが起きた時に怪我をしないような動作（加工時は特に力を入れる方向）が求められます。とにかくいろいろな状況を考え把握しないといけません。スポーツと同じく作業前のイメージ・トレーニングはかなり有効です。

と、ここまで書いていることから想像がつくように、僕はこの作業中にヒヤッとする事態に遭遇しました。運良く材をダメにしなかったことよりも、怪我をしないで済みホッとしました。「不測」とは言っても実際は予測可能な事柄が多いので、材をダメにしても怪我をしないための準備は本当に大事です。材は新たに用意できますが、指はそうはいきませんよね。

完成までもう一息です。ヤスリや鉋を使って、脚に丸みを持たせました。図面通りのフォルムに仕上がったと思います。天板支えに開けた六角形の穴に支柱を固定しますが、ここの精度は強度に影響するので、ピタリと密着するように加工します。接着剤だけではなく、楔（くさび）を打ち込むことでさらに強

度を高めています。天板は真鍮のネジでしっかりと固定されています。

　そして最後の仕上げ。特別配合した蜜蝋（みつろう）を塗り込みました。日本の和蝋やカルナバワックスを混ぜてあるので固い塗膜が出来上がります。乾いた後に綿布で磨き込んだのですが、どうもいまひとつの仕上がり。どうしたものかと悩んでいたところ、教官からストッキングで磨くと良いとの情報が。早速、街中の店に出かけ、どれにしようかいろいろと見ていると、店員さんが来て「どんな物を探しているの？　こういう腰までの長い物や、膝丈の短いストッキングもあるよ」と、男の僕相手に接客（笑）。家具を磨くのに使うんだよと言って購入。なかなかの効果で満足いく出来になりました。もっとデニール値の低い（細い糸）ストッキングを選ぶとさらに良かったかもしれません。

　苦労しながら作り上げただけあって最高に気に入っていますが、また作るかと聞かれると困ってしまいます。もう二度と作りたくないのですが（笑）、でも、やっぱり機会があったらまた挑戦しても良いかな。その時には複数をまとめて作りたいです。

　と、ここでこのテーブルの話は終わりにしたいのですが、約一年半後の自宅で悲劇（いや、喜劇かも）が待っていたのです。このテーブルは2歳になったばかりの息子のモユルの遊び場（ちょうど目線と同じ高さなので具合が良いらしい）＋オモチャ置き場と化していて、がつがつと天板上を叩くなどは日常茶飯事。それは百歩譲って見逃すとしましょう。しかしそんなある日、お絵かきに熱中している息子を見ながら、芸術家の素質があるんじゃないの!?と親バカ丸出しで油断していたところ、ふと横を見ると、

　　ああああーーーーっ、も、も、モユルぅぅ!!!
　天板にまで派手に落書きされてしまったん

129

です。せっかくの綺麗な机が傷だらけになっただけではなく、キャンバスにまでなってしまったんです。ガックリ。30-40万円の値を付けても良いくらいの出来だったのに価値急落です。怒りはしませんが僕が大騒ぎをしていたので、その後の落書きはなくなりました（笑）。とりあえず、マジックじゃなかっただけでも良しとしますか。

　後日、マルムステン校で教官や同級生にこの出来事を話して写真を見せると、皆大受けでした。今度は修復の勉強ができますね。へこみ傷も鉛筆による落書きも、表面仕上げもすべて綺麗に直すことができるのです（面倒だけど）。

　誰でも製作中、時には製作後にも（笑）何らかのミスをします。しかし、家具製作科の教官は「それは失敗ではない」と言います。それを修正する技術、同じことを繰り返さないように糧とすることで、そこから多くのことを学べるからです。本当にその通りですね。非常に困難な製作過程でしたが、適切な環境と正しい技術を伝えられる教官のサポートがあれば、それらは決して難しいことではなくなるのです。学べることがとても多い実り多き課題でした。

無垢材のみの家具

「無垢材のみを使用した家具」という課題で、引き出しや扉を備えた壁に固定できるアクセサリー収納ケースをデザインし、製作しました。前面が波打った形状になっているため、製作はまたも苦労の連続でした。

　今回は完全なオリジナル作品なので、構想からすべて自分で行ないます。まずは「聴覚、音感」というテーマが決まりました。ここから、それぞれのデザイン発案を系統立てていきます。何が自分の作品に必要で、何がそうではないか等を書き出すことから始めました。この過程を経てからアイデアスケッチを描き始めます。

　それぞれがリストに書き出した要素に見合うデザインを考えます。この段階では、落書きのようなスケッチだとしても捨てないことを指導教官から勧められました。考えが深まっていく中で、その段階へ戻ってくるかもしれないし、翌日には良い案だと気づくかもしれないから、新たなアイデアのためにも消しゴムで消さないようにすると良いというアドバイスでした。確かにその通りです。逆に当初は良いと思った考えでも、ちょっと経つとまったく正反対に感じたりもしますよね。

　数日の考慮の後、それぞれがアイデアを発表しました。具体的な構造まで考えてきた者や、外観を描いて皆に意見を求めたりとスタイルはさまざまです。僕はアイデアの移り変わりを初期段階から順番に絵を見せながら話しました。テーマは「聴覚、音感」ですが、各々がデザインへ採り入れた解釈は随分と異なっていました。デザインからそう感じる物もあれば、使用する時の音に着目した物などさまざまです。僕などは、音がない状態「静寂」から考えてみています。ちょっと日本的な着想かもしれませんね。このようなことからもわかるように、それぞれの作品を一見しただけでは、どのような共通テーマから作ったのかはわからないでしょう。

　今回も製図から始めます。マルムステン校ではCAD製図（コンピュータを使用する製図）でも、手描きによるペン製図でもOK（時代の流れを考えると当然とは思います）なのですが、

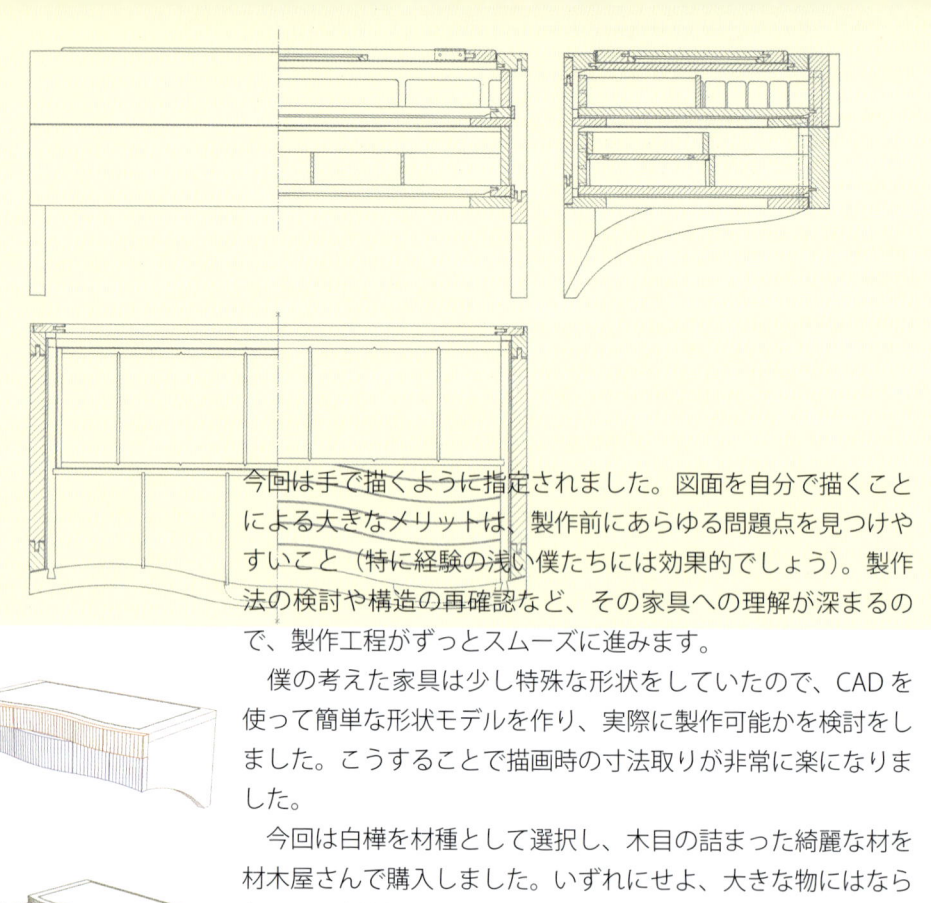

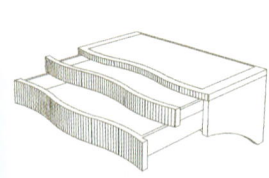

今回は手で描くように指定されました。図面を自分で描くことによる大きなメリットは、製作前にあらゆる問題点を見つけやすいこと（特に経験の浅い僕たちには効果的でしょう）。製作法の検討や構造の再確認など、その家具への理解が深まるので、製作工程がずっとスムーズに進みます。

　僕の考えた家具は少し特殊な形状をしていたので、CADを使って簡単な形状モデルを作り、実際に製作可能かを検討をしました。こうすることで描画時の寸法取りが非常に楽になりました。

　今回は白樺を材種として選択し、木目の詰まった綺麗な材を材木屋さんで購入しました。いずれにせよ、大きな物にはならないので材料取りにそれほど神経を使わずに済むのは気楽です。ただし、材によっては希望する木目での木取りをするために、帯鋸の定盤を斜めに傾けて切る方法を選ばなくてはならないので、ちょっと大変でもありました。マルムステン校の帯鋸は集塵能力を高めるための改造が施されているので、それらの部品を外したりと準備に手間がかかるからです。分解中に不具合部でも見つけたりすると、さらに調節や清掃に時間がかかります。

　まずはこの作品の一番の特徴となる曲線部の製作から始めました。引き出しの前板等は波うっているので正確な型を準備する必要があります。すべての部位の曲線（曲率）が異なるので、

曲線の数（上下の引き出し前板の前と後ろ、本体の正面側、蓋など確か9種を用意）だけ型も用意しないといけません。この型に沿わせながら、白樺をフレース盤で加工していくことになります。

　フレース加工前には、可能な限り安全に作業ができるように危険対策をします。写真のように上から押さえつけるだけではなく、可能な部位には材の後ろや下側からねじで固定します（今回は下から。刃が当たらず、加工後は切り落とされる場所にねじが入っています）。ここでは曲面に溝（ここに板がはまる）を加工しています。本来は刃の上側で型に沿わせた方が安全度が高まる（たとえばこの状態だと上から何かを落とした場合、直接刃に当たってしまうリスクが高い）のですが、部材が小さいことからこのような方法を選びました。このフレース盤という機械は多種多様な加工をすることができますが、正しい使い方を怠った場合には、非常に危険度が高いので、しっかりとした準備と慎重な作業が求められます。

　木は湿気や温度の変化でねじれたり、収縮したりします。これを「木が動く」と言い、無垢材の家具ではしばしば問題となり得ます。今回はその木の特性に対処できるような構造で作ることが課題の目的でした。そのために、まず枠を作って内側に板をはめ込む構造になっています。内側の板（枠に溝ではめ込んである）は動かない程度に軽く接着をしているだけなので、周囲の枠との隙間分は収縮に対応できるようになっています。扉など大きな面積の板が必要な部位によく用いられるテクニックです。

　写真は真鍮の蝶番です。市販している物を買ってきたのですが、皿ねじの入る部位の精度がいま一つだったので、修正加工を施しました。こうすることでねじを取り付けてもしっかりと密着します（写真の中で見えているネジはこの加工時に固定するためで、実際は真鍮のネジを使用します）。

　天板になる板に蝶番を取り付け、その後に枠全体を接着しています。手前側（引き出しの前板が当たる）は後ほど曲線に加工します。いつものように、蝶番は木の表面からほんの少しだけ出るように固定して、表面をヤスリで削り落として木の面と合わせています。フタの内側に鏡が付くようにしたのですが、

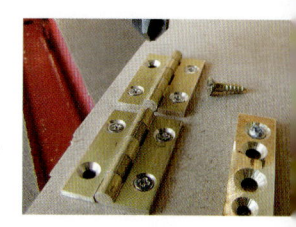

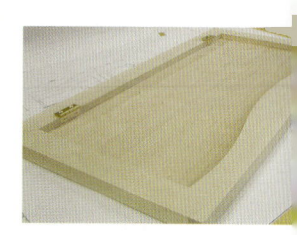

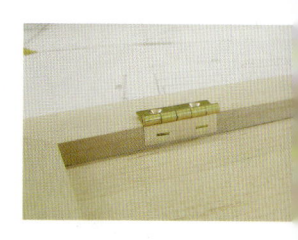

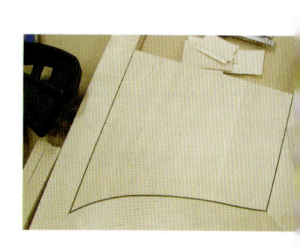

枠との間隔も一定でうまくできたようです。しかし、側板では小さいミスを発見。枠の加工時に加工角度を間違えてしまったので、相手となる部位もそれに合わせる羽目になりました。とは言っても、どこだかはわからないですよね（笑）。

やっと本体部を組み上げました。曲線ばかりの構造のためにちょっとしたずれや、角度の誤差が他の場所へも大きく影響してしまうので、かなり神経を使いました。正直言うと、こんなデザインに挑戦するのはやめておけばよかったと、少々ウンザリしつつありました（笑）。

引き出しは、枠のみを最初に組み立ててから底板を接着するフランス式という構造を選んでいます。一番不安だった引き出しと本体の納まりもうまくまとまりました。革の取っ手を引いてフタを開きます。フタを開いた場所には革を貼り、アクセサリー等を置けるようにと考えています。枠の接着面は斜めに加工されているので、接着時にどのように圧を加えるかに苦労しました。背面に壁掛け用の金具を備えています。引き出しはそれぞれの前板の下側（上段は左右、下段は真ん中）に手を掛けられるようになっています。

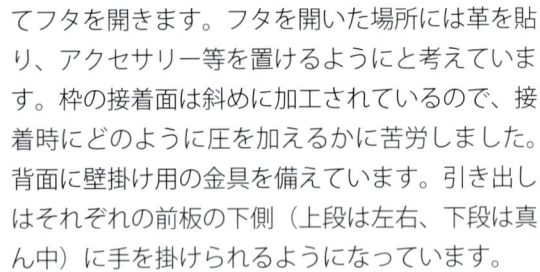

上段の引き出しには、革で包んだスポンジを前板のカーブに合わせて収めました。ここに指輪やイヤリング等を収納し、後部には取り外しのできる仕切りがあるブローチ等のスペースを用意してあります。下段引き出しの前部には、大きめのバングルなどを収納できるように深めのスペースで、小物を置く後ろ側の箱（取り出し可）の下には布や銀磨きなどの手入れ用品を入れることを考えています。

完成後の発表ではいつも通り、製作過程で学んだことを話し、しっかりと事柄を理解できている

と認められることで本課題の単位が認定されます。マルムステン校はスウェーデンの国立大学に属しているのでしっかりと単位を取得しないと卒業することができません。

　今回はほかにも多くの課題が集中していたため、十分な時間があるとは言えない状況を初めて体験しました。緊張感を維持しながら製作を続けることはつらくもありましたが、そのような中でも失敗をしないように集中力を高く保つことは良い経験にもなりました。同じ物でも手際よく綺麗に作れることが将来、仕事として物を作るようになった時には絶対に必要なことだからです。

美術実習

　マルムステン校では木工以外にも家具に関するさまざまな知識、技術を学びました。もちろんカペラゴーデンでも似たようなことを学ぶのですが、マルムステン校ではずっと多くの時間がそれらに割かれていて、課程によっては筆記テストや小論文まで課せられます。芸術大学として、単に物を作るだけではなく、幅広く学ばせ、経験させるのです。カペラゴーデンからマルムステン校の受験を決心した時にも気になったのですが、この点が木工を学ぶ以上に僕には大変でした。でも、面白い課題もたくさんありました。それらをこれから紹介します。

　毎週金曜日の半分は現役のアーティストが教官の美術の時間です。

　クロッキーの時間はモデル（老若男女さまざま）を定められた時間内（たとえば、1分で素早く15枚を描いたり、15分くらいかけて1枚をじっくりと）で描きます。もちろん僕たち学

撮影 : Lars Ewö

生は絵が専門というわけではありませんので描画力は人それぞれです。本格的に勉強をしても良いのではないかと思えるほどの実力の者もいれば、僕のように素人に毛が生えた程度の者もいるので、教官はそれぞれに合わせたアドバイスを与えます。

特に一年時は多くの時間が美術課題に割り当てられていて、木工作業から離れて創作作業に集中する一週間もありました。

まず初日。どう見てもゴミ捨て場から持ってきたとしか思えないホコリだらけの物たちのスケッチが最初の課題でした。立ち位置を変えながら（対象はそのまま）、毎回提示されるテーマ（光と影、丸・三角・四角、空間など）に合わせて、各々の解釈で描きました。その日の午後はちょっと面白い課題でした。布の中に隠されている物を手で触りながら描くのです。指先の感覚だけが頼りです。15分経つとまた隣に移動するのですが、布の中身が変わるので大変です。形状にまったく意味のない物（たとえば、木っ端を適当に貼り合わせた物）から、動物の骨、貝殻などさまざまです。

火曜日。ダンボール紙を使用してモデルを表現する造形課題。1ポーズ50分くらいで複数を製作したのですが、それぞれさまざまな解釈による手法で作っていて面白かったです。

そして水曜日は木が素材。校内にある木片、棒や突き板を使用しました。

木、金曜日は粘土による造形。まずは針金で骨格を作ってから形を作っていきます。二日間も同じ姿勢のまま裸で椅子に座っているモデルさんも大変です。しかし、僕たち学生にとっては、とても充実した一週間の集中コースとなりました。

もう一つ面白かったのが、色について学ぶ集中講座です。初日はダビンチやゲーテなどが唱えた色の概念から、最新のカラーシステムまでの理論を教わり、翌日からは実習が行なわれました。シアン、マゼンタ、イエローを使ってさまざまな色を作り出す方法を、実際に試しながら学びます。

ヨーロッパで普及しているNCS（Natural Color System）という色空間を表す規格の考え方を学びました。NCSは赤R、緑G、青B、黄Yの4原色から作られた色と白、黒の量によって色を表します。色を混合していく時点では変化が小さくわかりづらいのですが、切り出してNCSの色分布として並べてみる

と差が見えてきます。この写真の物では赤から青への変化が不自然ですが、実習の一番の目的は「色の作り出し方」であり、考え方を知ることが重要でした。この各段階の色にさらに黒と白を混ぜた色（奥行きができる）が細かく区分されます。

　翌日は学んだことを踏まえて絵を描く課題となりました。初日は同じような色系統の物ばかりがモチーフです。緑色のじょうろ、ブロッコリー、青リンゴ、ちり取り、バケツ等々。写真は僕が描いた絵です。出来はともかく（笑）、雰囲気はわかると思います。次の写真は翌日のモチーフ。相変わらず意味不明です（笑）が、赤と青系統の色を作り出して描く必要が有ることがわかりますね。そして3、4日目は人物画。肌の明暗など立体感を表現するのは難しいのですが、とても勉強になりました。

　モデルを前に素早く描いたり造形をこなしたりする中で、体の傾き、ラインなどのバランスを読みとる感覚を学びました。これらは木工には結びつかないように思われるかもしれませんが、知っているのと知らないのとでは大違いです。作品の概要スケッチ、デザインセンス、製作時のいろいろな感覚として役立つはずです。これまでは絵画や造形について僕は学んだことがなかったので結構疲れたのですが、1枚を30秒で描くような時には、スリルがあってなかなか面白かったです。

表現手法

　家具製作以外に学ぶ事柄の中には、将来、自分の作品を売り込む際などにすぐにでも役立ちそうな課題が用意されています。職人というと「寡黙に作品を作り続ける頑固な人物」というイメージが巷にはありますが、実際はそう簡単にはいきません。少なくとも最初は自分で売り込みを行ない、プレゼンテーション（説明）をしながら交渉をして注文をもらわなければなりませんよね。

　英語講座が4回に分けて行なわれました。内容自体はそれほど難しくありません。とはいえ、平気で英語を操る皆と（ほぼすべてのスウェーデン人は英語を上手に話す）、英語とスウェーデン語が混ざって軽いパニックに陥る僕とでは会話力が

かなり違います（笑）。とりあえず内容は実践的です。

　英語を使用する場として最初に考えられるのは、たとえば展示会などの作品発表の時。このようなフォーマルな場での自己紹介や作品の説明を適切に行なうことは、好印象に繋がることでしょう。他にもプレゼンテーション法、英語でのコミュニケーション等に大きく時間が費やされました。毎回、自己紹介文、就職活動や奨学金出願のためのCV（履歴書）作成などの宿題（しかも電子入稿）も課せられるので、しばらく英語漬けです。

　この講座で学んだことから一つ。僕自身の職業「木工家具製作」を説明する際に使う単語です。Cabinetmakerが正しいのだそうです。木工というと、Woodworkingと表現するようにも思いますが、僕などがする仕事はCabinetmakingであり、Woodworkerとは言うなと念を押されました。

　小論文の講座もありました。系統立てたレポートを書く考え方は、仕事を受ける際にも必ず役立つでしょう。レイアウトから図表の示し方まで、大学で提出するに足るだけのレポートとはどういう物かを学びます。参考文献の表し方に「ハーバード法」と「ケンブリッジ法」などというものがあるなんて初耳でした。皆さんはご存じでしたか？

　その後、それらを踏まえて好きなテーマでレポートを書くようにとの課題が課せられました。テーブルの製作過程について書いた者や、17世紀のスウェーデンの職人システムについて調べたり、広葉樹と針葉樹についてまとめたりと内容は自由です。僕はデンマークの銀職人ジョージ・ジェンセンについて調べてみました。コペンハーゲン旅行時に資料を集めたりと、とても勉強になりました。（デンマーク語を読む必要がありましたが）。講評会では、それぞれ良い点、修正する点などをお互いのレポートについて話し合いました。

　年3回ほどレポート課題があるので、この段階で基本を学べたのはとても良かったです。

　10年前には必要なかったかも知れませんが、現在はCAD（コンピュータを使用した設計製図）について知ることは必然とも言えるでしょう。AutoCADを使用した全5回の集中講義が行なわれました。ソフトがインストールされたノートパソコンは

学校から貸し出され、各々が自宅へ持ち帰って課題をこなすことも可能です。

　最初の課題は基本操作やコマンドを学ぶために、アアルト（Alvar Aalto、フィンランドの建築家、デザイナー）のスツールを描くことから始まりました。僕はCAD製図の経験があるのでそれほど慌てませんでしたが、プログラムのメニューやコマンド表記はすべて英語なので、しばしば機能の意味がわからなかったりしました（笑）。

　さて、いきなり問題です。この3面図から立体図を描いてください。時間制限は特にありませんが、簡潔に描いてみましょう。

　このような図形が描けていれば正解です。10月中旬に立体製図の集中実習も行なわれました。平面図から立体図を起こす勉強です。

　続けて第2問と第3問。同じく立体図を描いてください。このような3方向の平面図から、立体図を頭の中で思い浮かべられる能力は物作りをする者として必要不可欠です。いまは無理でも回数をこなすことで上達することもできますので、練習してみて下さい。答えは141ページで。

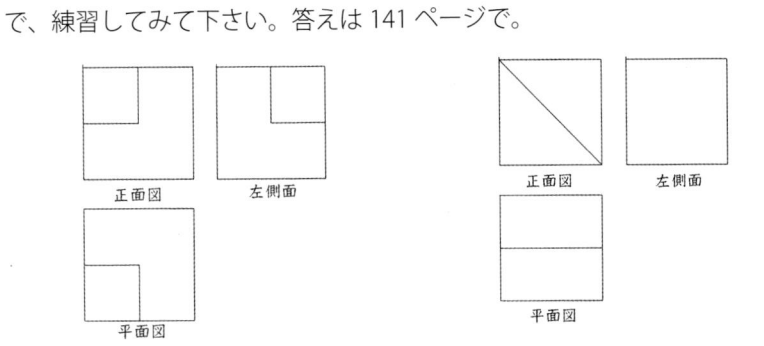

　立体製図の授業では、このような練習から始まり、次の段階では家具の立体図を描きました。先ほどまでの単純なモデルと違ってはるかに時間がかかります。扉を開いたり、引き出しを出した状態にすることで難易度（仕事量）がさらに増加。この描画法はCADで描く際にももちろん応用可能です。CADでの立体（3D）モデルの生成は難しいのですが、平面上に図（紙に描くのと同じ。ただし3Dモデルのようにリアルタイムでの視点変化はできません）を描くだけならば、むしろ手描きよりも楽でしょう。

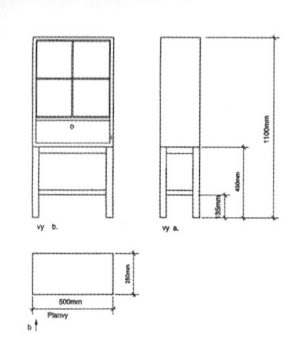

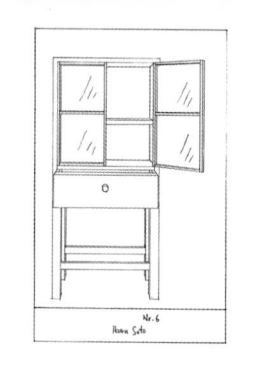

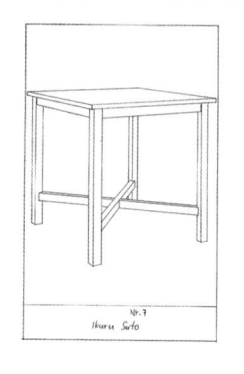

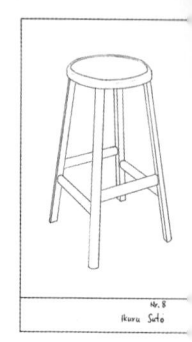

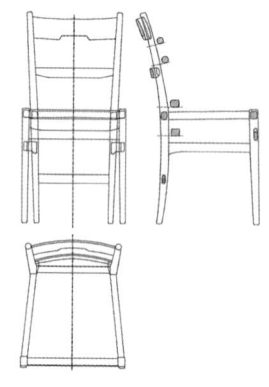

今度は机の製図。直線ばかりなのでそれほど難しくはありませんが、十字に交わる部材の作図にちょっと悩みました。もう一つはスツール。これまではなかった丸い形状が加わっています。立体図を描き始める前に視点をどれくらいの高さにするかをよく考えておくことで、わかりやすい図になります。たとえば、もしも目の高さが座面より下だったりすると、物体の形状が非常にわかりづらくなりますよね。

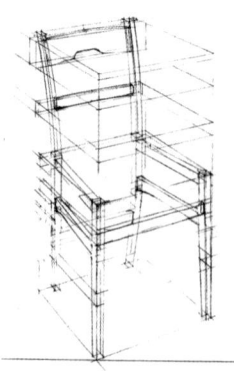

　この授業の頃に作り始めていた椅子の三面図も描きました。この製図課題の目的の一つは「プレゼンテーションのための立体図」ともなっていて、図面だけではなく顧客にもデザインを把握してもらえるようにわかりやすい立体図を描くことが必要です。良い仕事をするための大事な第一歩ですね。もちろん、現代はコンピュータで描いてしまうことが可能ですが、基本的な考え方、知識を自分の手を通して学ぶことが大事だと思います。

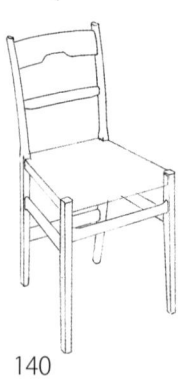

　作図中の状態を見るとよくわかりますが、形状が複雑になるほど補助線と、把握するべきことが飛躍的に増えてきます。頭が混乱しそうになるので、集中力が必要です。完成図では、前脚の太さがちょっとおかしくなりましたが、少なくともどのような椅子なのかはよくわかりますよね。この後、編んだ座面だとわかるように線を加えました。

　製図は頭の体操にもなりますし、作図をすることで構造について深く理解できるので良いことずくめです。ただし、ずっと座っていることになるので、早く作り始めたいと落ち着かなくもなりますが（笑）。

　そうそう、先ほどの問題の答えです。いかがでしたか？

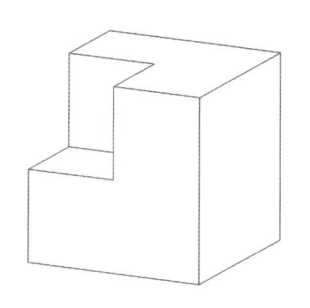

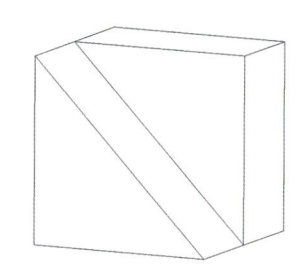

撮影技術の集中講義も行なわれました。講師はプロカメラマン。僕にとっては知っていることが多い内容でしたが、新たにスウェーデン語で学びながらの実践となると新鮮です。まずは理論を学び、翌日からは校内に小さなスタジオを用意して、照明の当て方、影を柔らかくするテクニック、露出計とストロボの連携などの基本から、家具を綺麗に撮る方法などを学びました。上手に光を操ることが良い写真に繋がります。強い光を当てて被写体の陰影を際だたせても良いですし、綺麗に拡散した光で自然に見せるのも面白いです。

　一通りの講義が終わった後、家具撮影の課題が出されました。フィルムは指定の銘柄を使い、現像とプリントはプロラボに頼みます。こうすることで全員同じ条件となり、純粋に撮影での違いを見ることができます。色味を統一するためにカラーチャートも備えて撮影を行ないます。簡単な課題に感じますが、校内に撮影場所を確保して、スタジオ設営を自分たちで行ない、予約した時間内に撮影を終えなければなりません。小さな学校なので機材を置きっぱなしにするわけにはいかないんです。

　二人一組で撮影を行ない、僕はカペラゴーデンで製作したマルムステンの椅子「1917」を撮影することにしました。全体に均等に光を当てて、それぞれのディテールがわかるように影を消すことにこだわってみたのですが、奥の脚や座面にかかる微妙な影には苦労しました。デジタル撮影ならばすぐに結果がわかりますが、フィルムでの撮影なのでそうはいきません。

　しばらく経ってから撮影課題の講評会です。各々の写真を見ながら、どのような考えで撮影したかを話し、皆で意見交換をしました。顧客やバイヤーへ売り込むための写真、作品集に載

せる写真とはどのようなものかを学べました。

　そして、フォトショップとデジタル写真講座も行なわれました。講師は新聞社や雑誌での仕事をしているカメラマン。言葉がスウェーデン語ですが、やはり学ぶことは初心者向けなので、僕には正直物足りない内容でした。講義の中で一番高度なことはマスクの使用くらいでしょうか。デジタルカメラの操作についても、ホワイトバランスの扱いなど作品撮影を念頭に置いた内容です。そしてその画像をパソコン上で画像処理を行ないます。

　提出課題はポートレート撮影。ポートフォリオに使えるような物作りとしての人物を感じさせる写真との条件でした。

　どの課題も家具製作自体とはまったく違います。しかし、ちょっと考えてみると、これらの知識、技術は必要不可欠なことだということがわかるはずです。たとえば、あなたはこれまでの作品を見せるために、家具そのものを持ち歩いていきますか？　展示会で家具を置いておけば、それだけで受注があると思いますか？

　よほどの実力と運に恵まれていなければ、黙っていても仕事が転がり込んで来るようにはなりません。良い写真が撮れれば、それは作品そのものとなるでしょう。どんなに素晴らしい家具を作ったとしても、注文主に納めてしまえばそこでお別れですが、良い写真があれば話が違ってきます。作品集はある意味、作った物自体よりも大事な財産なのです。そして、少しでも自分を売り込む力を持っていれば結果は大きく変わると思いませんか？

　僕はそう強く思います。強いて言うならば、これらにウェブサイト構築技術も付け加えたいですね。

さまざまな木工技術と知識

　家具製作を学ぶための各種の加工技術は当然としながらも、さらに理論の時間が多く設けられています。知識としての裏付けがあるのとないのとでは新たな物を生み出す力にも差が付くことでしょう。

左が本物のモユルで、右がフォトショップで合成したモユルです。あれ、逆だったかな（笑）

木工理論の講義は全20回の講義が行なわれ、木の構造から取り扱い、産業、文化など基礎的な知識を学びました。これとは別に家具様式と家具史についても多くの時間が割かれていて、国立美術館から講師がやって来ました。興味深い内容ではあるのですが、食後の午後が講義の時間だったので眠くなってしまうのです。しかし、最後には筆記テストが行なわれるので僕はもう必死です（笑）。

　木工知識の授業の一環として、スウェーデン南部にある製材工場の見学に出かけました。車で4時間もの道のりです。敷地内で平積みにされている巨大な原木たちに圧倒されてから、工場内を見学して回りました。その中でも驚いたのが、原木から板を切り出す時に使用する帯鋸。僕たちが普段使う帯鋸とは比べものにならない大きさです（笑）。この部屋（右の写真）では刃の研磨が行なわれています。

　そして僕が一番興味があったのが、突き板の加工。木を柔らかくするためにまず丸太ごと茹で上げます。その後に製材機に固定し、これまたとんでもなく大きな刃（写真は研磨中の刃）でスパッとスライスしていくのです。材を何度も上下に振り下ろすと、それに合わせて突き板が出てきます。まるで野菜をスライスしているかのようでした。無垢材を加工後に乾燥させている倉庫も見ましたが、大量の材が山のように積まれているので、もし、地震がある国だったらと思うと恐いですね（スウェーデンにはほとんど地震がありません）。

　眠気に襲われる木工講座の中でも特に興味深かったのが、楽器の材料についての講義。講師はギター製作科（現在は廃科）の教官です。材種（柔らかい木から堅い木まで。参考に合板やMDFも）によってどのような音がするかを実際に試聴します。木琴を想像してみてください。アルトギターを例にギターの構造解説がありました（写真は次ページ）。形状が通常と異なるのは、12弦もあるので持ちやすさ（弾きやすさ）を考慮しているからだそうです。

　他にも椅子やソファーに使われる緩衝材ついての講義などもありました。伝統的な素材を使用したテクニックから、現代の量産家具に適したウレタンフォームまでの堅さの表し方などを学びます。

校長による講義では「デザインとは？」「物作りとは？」がテーマ。マルムステンがどのような経緯で作品の立案をしデザインを考えたかなど、なかなか参考になる話でした。たとえばマルムステン作品の中でも代表的な椅子 Lilla Åland リラオーランド。俗に言うウィンザー・チェアーですが、彼はこの椅子のアイデアを、スウェーデンとフィンランドの中間に位置するオーランド島の古い教会の家具から得ているそうです。

ついに木工理論のテスト日がやって来ました。問題は全部で15問と多くありません。が、なんとすべて筆記（必要ならば図解も記入）だったのです！　時間は14時から18時までと随分と長く（途中退席OK）、問題もすごく難しいというほどではないのですが、「あれ、単語はなんだったっけ？」とか、文法をブツブツと考えたりしている僕はなかなか先に進みません。

手こずったのが「家具様式」と「家具史」のテスト。またもや筆記のみです。テスト開始時に渡されるのが問題用紙と、回答用の白紙だけなので参っちゃいます（笑）。悔しいことに家具様式は合格点（60点だったかな）に一問分だけ達せず再試験となってしまいました。次はもうちょっと勉強していった甲斐もあり、無事に合格。しかし、再試験にもかかわらず評価に優が付いたのは未だに謎です（笑）。こんな感じに筆記テストの際にはいつも苦労させられました。

講義の話はかなり省略しましたが、技術実習についてはもうちょっと詳しく紹介した方が良いですよね。まずは木工旋盤の実習について。ストックホルムから3時間ほど北の街へ泊まりがけで出かけました。水曜日の夕方に出発し、木金曜日に実習し、金曜日夜中に帰宅するという強行日程です。宿泊は実習先の近くにあるユースホステル。宿に到着した水曜日の晩は皆で夕食を作りました。道に迷っていたこともあって既に22時を過ぎてしまっていたのですが、たくさんの野菜をナイフで切り分けてクリームソースと共に煮込み、パスタにかけて食べました。

実習は講師が所有する工房で行なわれました。真横に線路と小さな駅がある元は駅舎だった建物が工房になっています。ローカル線で一時間に一本くらいしか電車が来ないので静かな場所です。早速8時過ぎから作業が始まりました。なんと2日で20時間をこなさないと、単位取得条件が満たせないらし

く、初日は夜23時まで作業をすることになりました。しかし、朝から僕は体調がすぐれず、この後に大変な目に……。

　最初は基本加工から実習が始まりました。まずは回転している材への正しい刃の当て方の確認から。刃の当て方次第で、表面を引っ掻くように削るか、ナイフで切るように削るかが決まります。もちろん僕らが教わったのは後者。刃の当て方が正しければ、加工面の仕上がり具合に大きな差が出ます。

　次に2種類の刃を使用して、平面や曲面の削り方の練習を繰り返しました。私感では曲面の成形よりも、形状の切り替わりとなる部位を、狙った位置に作り出すことがすごく難しく感じました。しかも刃の当て方を間違えると、ドンッ！と強い反発（弾かれます）が起こるので、慣れないうちはかなりの緊張を強いられます。僕はまだカペラゴーデンで旋盤加工の経験がありましたが、他の4人は初めての者から、ある程度やったことのある者までさまざまでした。

　工房内にあったロウソク立てをコピーしてみることにしました。手加減一つで形状に差が出てしまって、まったく同じ物を作るのは難しいです。これだけを見ればすごく綺麗なフォルムに思えますが、同じ物をいくつも寸分違わず作れてこそ旋盤が上手と言えるのです。うーん、奥が深い。

　その日の午後になると僕の体調は明らかに悪化。しばらくは無理して作業を続けていたのですが、作業にも集中できず、失敗も増えてしまい気分的にはボロボロになっていました。結局、一足早く宿へ帰らせてもらって、薬を飲んで眠ることになりました。翌朝はまだ好調とは言えませんが、ずっと良くなったので再び実習作業へ。

　何をやっていてもよくあることですが、前日は上手くいかなかったことでも、休息を挟んで翌日にもう一度やってみると、今度は何事もなかったように上手くできてしまうことがあります。まったく良いアイデアが思い浮かばなくても、翌朝になったら素晴らしい考えがひらめくことってありますよね。今回もまさにそれで、前日に悩んだ何度も繰り返していた失敗が、まったく問題なくなりました。体調が悪い→加工が上手くできない→イライラするの悪循環になる前に早めに切り上げる勇気も大事ですね。

お椀も作りました。材の加工が進むにつれ、形状変化に合わせて、腕を動かしながら刃の当て方を調整して削り進みます。ここでは肩や腕の力を抜いて気楽にやるべきなのですが、なかなかそうはいかず、ついつい力んでしまいます。

　加工している材は乾いた木ですが、写真をご覧いただいてわかるように、削りカスが糸のように繋がって出てきています。正しい削り方ができている証拠です。しかし、間違っていると最悪の場合は刃が材に食い込んでしまい、ドンッと大きな衝撃が返ってきます。お椀だとその衝撃で割れてしまうこともあり、残った部位だけだと皿しか作れなくなってしまうこともあるんです（笑）。この分野だけの専門の職人がいることからもわかるように卓越した技術が求められます。2日間の集中実習は風邪をひいて大変でしたが、充実した時間を過ごすことができました。

　今度は木象嵌（もくぞうがん）の実習が行なわれました。木画（もくが）と言うこともありますが、さまざまな樹種の木や素材を組み合わせて紋様を表現する技法です。近代的な象嵌手法は14世紀にイタリアで始まり、一気にヨーロッパ中に広まったそうです。当時の貴族や教会が好んだのでしょうね。そして、僕が学んだのは18世紀末に新しく考案されたテクニック。それまでの手法との大きな違いは、木の境目がピタリと一致することです。

　まず最初の課題では複数の樹種を使って、どのように準備をし、加工を進めるかを学びました。象嵌の基本技術は、お互いのパーツを切り出して組み合わせる方法です。材を重ねて図柄に沿って切り出せば、各パーツをまとめて作り出せます。ナイフや手動の糸鋸などの道具を使う方法もありますが、現代は電動の糸鋸（極細の刃が上下に往復運動をする）を使います。ミシンのように足踏み式のコントローラーでスピード調節が可能な物が特に加工に適しています。

　まずパーツごとの突き板（今回は0.5ミリくらい）を選び、木目を考えて重ね合わせます。この図柄では全部で6層になっています。重なっている板に隙間が空かないよう密着していることを確認してから、加工を始めます。ただし、普通に鋸を入れると、どんなに綺麗に切り進んだとしても、パーツ間には必

ず刃の厚み分の隙間が生じてしまいます。どうすれば良いのでしょうか？

　そこで考えられたのが、このように台座を傾けて挽き抜く手法。上の層、下の層との微妙なズレが生じるので、お互いを隙間なくはめ合わせることができるという理屈です。ただし複数の層になっているので、糸鋸をどのような順番で通すかをよく考えておかないとすべてが密着する加工はできません。他にも右回りか左回りかの判断を間違えてもアウト（はめ込むパーツが小さくなってしまう）です。ちなみに左のフライパンには熱した砂が入っています。その中に木のパーツの一部分を埋めると焦げ目が付き、それを影として立体感を表現します。

　僕が最初に作った象嵌作品です。糸鋸加工時の動きが安定していないために、隙間が目立ちます。さらにもう一つの失敗は葉の木目方向です。準備の際に、材を重ねる向きを間違えていたようで、右上の葉の木目方向がおかしくなっています。下準備と加工が適切ならば、加工線は隙間なくピッタリと密着させることができます。さらに上手になれば綺麗な鋭角を作れるようにもなってきます。

　次の段階はもうちょっと複雑な図柄。モチーフは各々が自分で見つけるように指示されたので、僕は版権フリー素材集から日本的な図柄を見つけ出しました。今回の手法では、まとめて全部を加工するのではなく、重なりを考慮しながら加工順を決めていきました。奥にある物(他のパーツと重なる部位が多い。この図柄ならば茎になる)から加工を始めるわけですが、まずはカーボン紙を使って正確な位置を木にコピーします。

　下線に沿ってパーツを挽き抜きます。材の色だけを使って紋様を表現することもできますが、僕は染色されている突き板を使用しました。はめ込んだだけでは固定されないので、裏側（完成時は表になります）から極薄の突き板テープで貼り止めておきます。材種の選び方に再考の余地がありますが、密着度も高く加工でき良い物になったと思っています。

　この象嵌の技術は2年後に受験する職人試験の際に活かされ

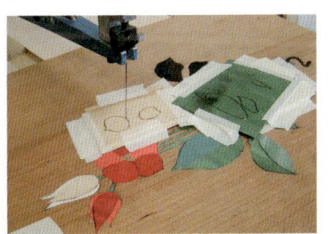

ました。

木彫の実習。講師はロシア出身です。まずは粘土を使って造形の要点を教わりました。木でもまったく同じように加工するわけですが、粘土の方がずっと柔らかいので工程チェックも簡単です。そして、最初の製作課題はバナナ（笑）。また粘土を使ってポイントを教わり、それらを踏まえて実際の加工を始めました。決して難しいわけではないのですが、単純な形状のバナナでもたくさん見るべき点がありました。こんなにじっくりとバナナを観察したのは初めてです（笑）。ちなみにこのバナナは、僕の息子の遊び道具になりました。

次の課題はレリーフ。木の板に図柄を浮き彫りする技術です。モチーフはマルムステンの家具にも使われている草花模様でした。まずは手持ちルーター（もちろん手作業でも OK）で周囲を大まかに削り落としてからさまざまな形状の刃物を使って加工をしていきます。しかし、葉の重なり具合や風にたなびく様子、立体感を表現するのは本当に難しい。残念ながら一番下の写真は僕の作品ではなく、同級生 5 人の中でもダントツに上手かった学生の作品です。僕などがチョコチョコと加工しているのに、彼はスパッと一発（笑）で切っていくのです。才能と経験の差を強く感じました。

これらの実習は木工技術のいろいろな側面を知る上でも大変有意義でした。

椅子の製作

今度は椅子製作の課題が始まりました。作る椅子は何でも構わないのですが、まずはその現物を手に入れないといけません。なぜかというと、まずは採寸を行ない、それを元に作るからです。椅子を置いているお店や個人から貸し出しを受けたり、場合によっては美術館の収蔵品を貸してもらうことになります。その椅子を採寸し、図面を描き、まったく同じ物をもう一脚作るというのがこの課題の目的です。

僕は当初、フィン・ユールの椅子を作ろうと考えていたので

すが、教官と相談した結果、マルムステンの椅子に変更しました。フィン・ユールの椅子（右の写真）は採寸も、製作もかなりの困難（とても手間がかかる）が予想されるから、家族のいる僕はやめておいた方がいいとのアドバイスだったのです。

　ということで、僕はマルムステンが 1953 年にデザインした椅子 Lusse を作ることにしました。現在は製作されていないモデルですが、ストックホルムのマルムステン家具店か、マルムステン財団に聞けば見つかるだろうと楽観視していたら、見つけることができず、そこで僕が去年まで在籍していたカペラゴーデン（ここには有ることを知っていました）から貸し出しを受けることにしました。

　最初の採寸が結構厄介です。小さな点を図面上に写し取って繋いでいくのですが、直線の多い椅子ならばまだしも、曲線の多い物になるとかなりの手間がかかります。採寸と製図を行なうことには大きな意義がこめられています。作品の構造を深く理解できることもその一つですが、デザイナーがどのように考えてその椅子をデザインしたかがとてもよくわかるんです。

　マルムステンの家具はその点で学べることが非常にたくさんあります。彼の作品は工業生産に向かなそうな曲面やラインがたくさんあるように見えるのですが、実際はそうではないのです。機械作業がしやすくなるようによく考えられています。たとえば、後ろ脚。一見しただけでは曲線ばかりに思えますが、各工程で基準として使える平面がちゃんと用意されているんです。そのおかげで非常に製作が進めやすかったです。

　実際に家具職人でもあったマルムステンならではといえるでしょう。職人がどのような機械を使って、どのような順番で、どのように加工を行なうかを正しく理解しているからこそできる配慮です。デザイナーとして当然知っているべきことですよね。見た目が美しいだけではなく、職人が作りやすくなくてはダメなんだと学びました。

　採寸後に図面を描き上げ、それを元に椅子を作る製作過程に移りました。ある程度までは機械の力を借りて加工を進め、そこから先は手加工が主になります。量産家具の場合はそこが省かれるわけですが、ディテールの豊富な椅子は手加工の要素が増えてきます。木目を見ながら南京鉋やスクレーパーで形状を

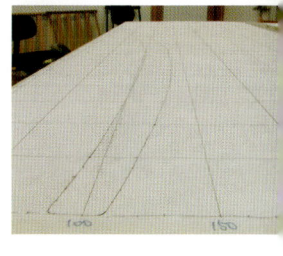

整えます。しかし、ここで時間が掛かっているようでは意味がないので、素早く作業することを心がけました。特にマルムステン校では製作だけではなく、講義やレポート提出などの課題が目白押しなので空いている時間に効率よく作業をしないと間に合わなくなってしまうんです。結果が同じだとしても、早く綺麗に作れれば自信にも繋がります。

　同級生が作った椅子を紹介しましょう。エメリーが作っているのは無名のデザイナー（おそらくデンマークの物）の椅子。簡単そうに見えるのですが、接着面がすべて異なる角度（直角だと楽）なので、準備に苦労したそうです。そしてラスムスが作っているのはデンマークのニールス・ミュラーの椅子。フィン・ユールに負けず劣らず非常に美しいフォルムの椅子です。ローズウッドで作っているのですが、なんと周りで作業している僕なども含めて何人もがかぶれてしまったのです。僕はまだ症状が軽い方でしたが、製作者本人はもう全身が真っ赤になるほどの発疹が出てしまい、寝るのも大変なほどだったらしく気の毒でした。病院に行って薬をもらい少しは和らいだようですが、完成しても座れるのか心配です（大丈夫だったようです・笑）。

　部材を整えた後、接着開始です。背もたれの薄い部材は圧着時に簡単に反ってしまうので、下準備およびテストを何度か繰り返しました。前脚も接着し、先ほどの背中側と一体にすると、いよいよ形が見えてきます。ねじれがないかを確認し、はみ出した接着剤を処理しながら接着部が密になっているかも確認します。見た目だけではなく、耐久性にも繋がるので重要です。

　オイルを塗る前に300番くらいのサンドペーパーで下地処理を行ないます。木の種類によってはもう一つくらい細かい番手で磨きますが、チェリー（サクラ）材の場合にはこれくらいで十分と判断しました。今回はデーニッシュオイルを選びました。オイル塗装は塗布が非常に容易という利点が挙げられるのですが、それにも増して素材の表情が変化する醍醐味が僕は大好きです。オイルを塗布すると、それまでは薄い冴えない色だった木が、それこそ本当に大化けするんです。途端に高級な雰囲気を醸し始めます。

　オイルを薄く塗った後、4～8時間ほど乾かし、軽く磨いて

からもう一塗り。これで色がさらに濃くなり、全体のバランスも整ってきます。時間を経ることでさらに色が濃く深くなっていきます。完璧に乾かした後はまた300番のペーパーで余分なざらつきを取り、秘密兵器パンティーストッキングの登場です。机を作った時と同じテクニックです。これで磨き上げると、見事にツルツルになるのです。

　製作終了後はいつものように発表です。この椅子を選んだ理由から製作過程、出来事などを皆に説明することが求められます。僕はマルムステンの職人を理解したデザインの素晴らしさに感激したことを話しました。ラスムスとハルマンは同じ椅子を材料違いで作りました。微妙なラインの違いや仕上がりがありますが、どちらも非常に美しくまとまっていました。

　そして完成してからしばらく経った春、ガムラスタンにある小さな工房へ出向きました。椅子の籐編みなども専門にする、カゴ職人の工房です。当初は自分で編もうかなとも思っていたのですが、時間が取れなかったことと、プロの仕事に興味があった（見学に訪れたことがあった）のでお願いすることにしたのです。結果は大満足。想像以上の最高の出来でした。素材はシーグラス（直訳すると海草）。しっかりとした張力で座り心地もバッチリです。

　校内に用意したスタジオで作品撮影を行ないました。ちょうどこの頃、僕はデジタル一眼レフカメラを手に入れたので、良い作品写真を撮ろうとついつい力が入りました。カメラを3脚に固定し、Macと繋ぎながらの撮影です。リアルタイムで照明の具合やピント確認が行なえるので非常に効率よく撮影が行なえました。良い写真が撮れると本当に嬉しいです。最後の写真は一緒に撮影

したエメリーの椅子です。
　マルムステンの作品を作るたびに多くのことを学べるのですが、今回もまさにその通りでした。まるでデザイナーと会話しながら作っている感覚でした。この椅子は現在、妻が常用しています。

プロダクト課題

　2年次には、家具デザイン科と家具製作科による合同プロジェクトがあり、商品の企画からデザイン、設計、製造、宣伝、販売、発送までをすべて学生だけで行ないます。家具製作科は大量生産を効率よく行なうこと、家具デザイン科は助成先の企業とのコンタクトや、販売促進活動などが課題の主な狙いです。売り上げは皆で行く旅行費用等に充てられます。
　まずは2つのテーマ「小物収納」「ピクニック用」を決め、アイデアを考えることから始めました。数日後にプレゼンテーションを行ない、デザインやアイデアへの人気投票（学校中の関係者が参加）が行なわれました。要するにコンペティションですね。軽食とワインを投票者へ振る舞うほどの力の入れようでした。ここで数案を選び出し、さらにアイデアや構造を煮詰めます。なんとここで僕の提案が断トツの得票数で1位！　アイデアに自信はありましたが、2位に倍以上の差を付けてしまいました。
　今度は5人ずつの2グループで、コンペティションの結果を踏まえて、アイデアを発展させる作業に移りました。今度は原寸大モデルを作ります。この作業と並行して、使えそうな素材をリサーチするグループも編成。木だけではなく、革、プラスティック、金属などの違いも検討するためです。
　いろいろともめた後、やっと形が決まってきました。ただし、前面が湾曲しているので実現可能なのかを検証することになりました。実際に木を使って試す必要があるわけですが、一

枚の木を曲げるのはかなりの困難が予想されるので、突き板を型の中で積層接着しながら形成することにしてみました。接着時の突き板の向きについては、議論と試作を重ねました。当初は断面が綺麗に見えることを優先し、すべての突き板を同じ向きにしようと考えたのですが、中心付近の2枚だけを交差方向にして強度を確保することに決定しました。圧着が確実に行なわれるように、真空にしたゴム袋の中で接着しています。

　この年の僕たちの目標は、春に開催される「ミラノサローネ」の旅費を稼ぐことでした。イタリアのミラノまでの渡航費と、一週間近く滞在する宿泊費用を稼がないとなりません。売り上げが悪ければ、足りない分は自己負担になるので真剣です。

　素材や構造、木目の違うプロトタイプを作って再検討を行ないました。簡単に機能を説明しましょう。まずポイントは、丸棒型のキーホルダー。これをそのまま差し込める穴が前面に並んでいます。帰宅時などにそこへ挿せばそのまま鍵の収納となり、出かける際には単に引き抜けばよいという考えです。先ほど述べた得票一位となった僕のアイデアがこれでした。冴えてるでしょ（笑）。これだけではなく、湾曲した板の裏には左右にスライド可能な収納部が隠されていて、小物を収納できるようになっています。キーホルダーがささっていれば在宅中かもすぐにわかるという、玄関近くに取り付ける収納システムです。

　最終的にオイルを塗ると良い色になるニレ（楡）を正面になる材として選択。自分たちで製作することもできますが、目標製作数が220個にもなるので外注することに決定しました。ただし積層合板の表面の突き板だけはこちらで準備して持ち込んでいます。中身は見えないので気を遣わずにすみますが、表面だけは綺麗な木目を確保したかったからです。

　完成した製品モデルを用いて最終確認を行ないます。同じ物をたくさん作るために、工程を合理的に進めるための工夫をたくさん取り入れました。普段は美しさを追求した一品だけの家具を作っていますが、今回は2000を超える部材数になるのでそうはいきません。量産加工を学ぶ良い機会となりました。

　ここから僕たち家具製作科の5人は製作作業に移ります。材料の運び入れだけでも普段とは桁違いに多いので大変です。それぞれ役割を決めて作業をどんどん進めました。製作2週目に

突入した頃、外注していた正面の湾曲板が届きました。指定した寸法、曲率通りにでき上がっていましたが、弓なり形状のために、戻ろうとする力がどうしてもかかってしまうので、この点は裏側に取り付ける板で矯正することになりました。

デザイン科の学生たちは何をしているかというと、マーケティング活動です。スポンサー探しと並行して、広告を用意し、過去のプロジェクトで購入している方などへ宣伝を進めていました。どんなに良い物を作っても、売れなければ駄目なのですから大事な活動です。広告写真のためにプロカメラマンのスタジオへプロトタイプを持ち込んで撮影を行ないました。これもプロジェクトのサポートとして協力してもらいました。表面仕上げなどの単純作業がある時には家具デザイン科の学生たちにも手伝ってもらっています。

製作数220個のひとつあたり7個の穴があるので、約1600個のキーホルダーを準備しました。写真に写っているのはキーホルダーの部材で、これも外注しています。オイルを塗って乾かしているところです。真鍮の部品を穴に通して、リングを取り付けるとキーホルダーが完成します。

これは僕が担当していた作業のひとつ。側面になる部材をつくっていたのですが、同じ作業が淡々と続くので、集中力を切らして怪我をしないように注意しました。同じサイズの部材なのでまったく同じに加工できるはずなのですが、ねじれがあったりとそうはいかないのが木の難しさ。やっと製作過程も終盤の接着作業に辿り着きました。ここまで同様に、同じ作業を繰り返すだけですが、形が見え始めてきたので気分的にはずっと良かったですね。それまではさすがに飽き飽きし始めていたのです。とはいえ、接着では何百回も締め具を締めたり緩めたりするので手がもうボロボロに。作業用の手袋を付けていても、これだけの数になると役立ちませんでした。

作業途中、僕は別の仕事があり製作現場から離れました。僕はプロジェクトの立案時点でウェブサイトを作ろうと提案し、即時決定していたのですが、そのための知識を持っているのは僕のみで責任者になってしまったのです。ドメインを取得することから始め、写真素材などを加工してホームページとして作り上げました。製品紹介のページから、特徴を紹介する動画、

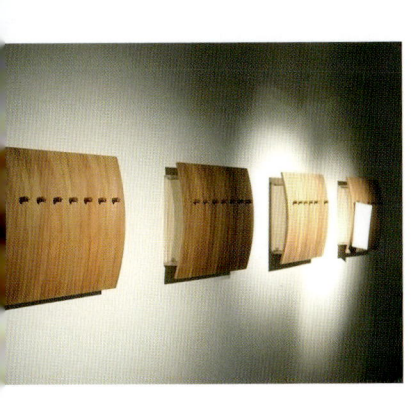

スポンサーやプロジェクトの紹介ページ、さらには注文もできるようにしました。実際に注文があると嬉しいものです。
　この課題は既に10年以上続いているプロジェクトとなっていてコレクターまでいるのだそうです。約4万5000円という決して安くはない価格にもかかわらず、売れ行きは非常に好調でした。日本だと学生が作った物にこれだけの額を支払うということはなかなかないと思うのですが、マルムステン校の知名度と、製品クオリティーのなせる技でしょう。ストックホルムで開かれる国際家具見本市にも出品して、無事に目標を満たせるだけの数を売り上げることに成功しました。
　ミラノサローネに行けるよー！

ミラノサローネ 2005

　インテリアに興味のある方ならば、イタリアのミラノで毎年4月に開催されるミラノサローネという名前をご存じだと思います。名実共に世界最大の家具見本市となっていて、世界中から業界関係者が訪れる巨大イベントとなっています。ストックホルムの家具見本市も北欧では最大級なのですが、ミラノの規模とは比べものになりません。そのミラノサローネに行くチャンスを得ることができたのです。
　家具製作科と家具デザイン科の学生共同で作った家具を売ることで旅費も確保できたので最高の旅行が期待できました。が、いきなり渡航前にアクシデントが発生。教官が日程を一週間も間違えていたのです。ホテルを再予約しようと思った時に

は既に手遅れ。期間中のミラノのホテルはどこも満室ばかりになるのが通例なのですから、ミラノ市内で空いている所（しかも10数人分）を見つけるなんて不可能です。結局、片道1時間かけて近隣の街から通うことになりました。

ミラノへの旅路は、ストックホルム郊外の空港からライアンエアの飛行機に乗って行きました。電車などで移動するのが馬鹿らしくなるほどの安さ（片道数千円）と速さです。ミラノに到着したのは暗くなってからで、ホテルお勧めのピザ屋さんへ出かけました。ここで僕は大感動。こんなに美味しいピザがあるなんてまったく知りませんでした。本場だということや、窯で焼いていることもわかっていますが、ピザもデザートも（僕はティラミスにした）共に最高に美味しく感激しました。幸先良いスタートにちょっと気分を良くしました。

そして、サローネ初日の朝。ミラノ中心部まで電車で1時間ほどかかるために、早めに出発したのですが、電車が来ないんです。もう見事に全然来ない。結局、この滞在中は毎日これに悩まされることになりました。定刻通りに来たことは一度もなかったんですよ。酷い時は1時間以上も遅れるんです。それでもイタリアでは普通のことなのか、誰も不満を感じていないかのようなのです。結局、ミラノ市内でも地下鉄が遅れたりして、会場に着くのはいつも昼前後になっていました。市内のホテルに泊まれていたら、と悔やまれます。

そして、ミラノ中央駅に到着。僕は駅舎のあまりの立派さに唖然としてしまいました。こんなのは北欧じゃあ絶対に見られません。とにかく巨大で驚きました。

会場にやっと着くと、今度はチケットを求める入場者の長蛇の列。大混雑が簡単に予想される大イベントなのに、なんてお粗末なんでしょうと思いつつ、僕はプレスパス（今回も取材を兼ねていた）を持っていたので、横から通してもらえました。中に入ったのはよいとして、会場もまた、うんざりするほど広大。プレスセンターに辿り着くだけで一苦労でした。

プレスセンターに入っただけで、他の見本市とはまったく規模が違うということをすぐに認識しました。取材陣に配られる各種資料が入ったプレスキットも豪華そのもの。鞄まで提供されるのでカメラとペンだけ（たぶんなくても平気）持って手ぶ

らで来ても平気そうです。またプレスルームにはコンピュータ（全部 iMac だった）がたくさん並んでいるだけではなく、プリンターや写真を取り込む機器なども完備されていました。パソコンを持ってこなくても、この場で資料を調べたり、情報を送ったりすることができるようになっています。

　そして、プレスの特権として一番嬉しいのが、無料で荷物を預かってもらえるサービス。資料が山のようになってもここに預ければいいのです。会場内にある一般向けのクロークサービスとは違って並ぶ必要もないので本当に便利でした。そして驚いたのが休憩用のカフェ。たしか 3 店ほどあったのだけどスポンサーが付いているみたいでやけに気前が良いんです。エスプレッソ専門店はまだわかるのだけど、なんとお酒まで無料でふるまわれているのです。高級シャンパンとして知られるヴーヴ・クリコのバーがプレスルーム内に設けられていて実質飲み放題（笑）。ストックホルム家具見本市のプレスルームではインスタント飲料しかなかったのでもう愕然としました。

　まずは一番興味があるサテライト会場へ向かいました。ここには学生や若手のデザイナーたちがたくさん出展しています。もちろん、単に展示をするだけでなく、将来のチャンスを掴みに来ているのですよね。非常に活気に溢れています。毎年、この会場内での優秀作品を選定する賞があるのですが、この年は見事に日本のグループの出品作が最優秀作品に選ばれました。本人たちへ連絡が届いたのも表彰の 30 分前だったようで驚いたことでしょう。チャンスを掴む人を目の当たりにすることは非常に刺激的です。もちろん羨ましいです（笑）。

　サテライト会場もかなり広いのですが、サローネ全体から見ると、ほんのごく一部。デザイン、クラシック、モダン、照明、バス用品というように大まかに分類はされていても、会場を一つずつ見て回るにはあまりにも広大なので、狙いの場所を絞らないときりがなくなります。各館に写真のようなブースが並んでいるのですが、27 館にも分かれ、さらに 3 階建てだったりするんです。あまりにもひどいなと思っていたら、この翌年から会場が代わって、もっと近代的な見本市会場になりました。改善の要望が多かったのでしょう（笑）。

　スウェーデン企業が合同で出展しているブースがありまし

た。色とりどりな、見栄えのするプラスティック製の家具が目立つサローネ会場の中では、スウェーデン家具はちょっと異質で落ち着いているように感じました。どう違うのかと言われると難しいですね。ストックホルムでこれらの家具を見た時は、すごくモダンなデザインの家具だな、と思っていたのですが、イタリアの家具たちはさらにスーパーモダンだったのです。まあ、ちょっとやり過ぎにも感じるわけですが（笑）。スウェーデン企業の作る家具は、デザインだけではなく、美しさや細部の出来などのクオリティーが高いように僕は感じます。

　会場内ではトップデザイナーの新作なども、これでもかというくらい並んでいるのですが、ミラノサローネの大きな魅力は会場内だけではなく、街中にもありました。あまりにも巨大イベントになってしまったために、市内に展示会場を設けて、サローネと同時期に展示会を開いている企業、個人、グループがたくさんありました。これらの会場を網羅したガイドブックまであるんですよ。

　せっかくミラノに来たので市内観光もしてきました。19世紀後半に作られた豪華な装飾を擁するアーケード街ガッレリア、そして超定番の観光スポットであるドゥオーモ（聖マリア大聖堂）も訪れました。僕の家族は曾祖母の代からカトリック教徒なので、いろいろな教会を見る機会がこれまでにありました。しかし、このドゥオーモはとんでもなくデカい！　どうやって建てたんだと感心してしまうくらい、とにかく巨大です。ステンドグラスも、柱も何もかもが大迫力。全盛期には巨大な権力を誇っていたカトリック教会の力を垣間見てしまいました。

　と、その巨大さについつい上ばかりを眺めてしまうのですが、実は床も要注目です。この床の装飾は見事だと思いませんか？ダイヤモンドカッターなどはまったくなかった時代にこれだけの柄を作り、組み合わせて、しかも表面を平らに磨き上げているんですよ。苦労を考えると気が遠くなります。ヨーロッパでは分野にかかわらず、文化の発展に必ずキリスト教が何かしら関わっています。家具の発展、様式においてもまさにその通りです。見るべき物は本当にたくさんありますね。

　ミラノと言えばファッションの都！　超高級店ばかりが並ぶ

モンテ・ナポレオーネ通りへも出かけました。ここで僕はこの旅行で一番大変だったと断言できる、妻の要望を実行に移すことにしました。妻の説明によると、この通りにあるラ・ペルラはイタリアの高級レース、シルクを豪華に使った最高級のランジェリーブランド（らしい）で、下着好きなら誰でも知っている（らしい）のです。店員さんと話しながら、棚からいろいろと出してもらった中から、手縫いの要素が多くて随分と出来の良いスリップをひとつ選び出しました。しかし、材料が少ないのにこのとんでもない値段は何なんでしょう（笑）。

　いかがでしたか？　ミラノ旅行のほんの一部しか紹介していませんが、同じヨーロッパでありながら、スウェーデンとも、ドイツとも違うイタリア文化を見ることができ、とても面白かったです。個々のイタリアンデザインの素晴らしさに対して、公共交通システムなどのお粗末さなどの対比も興味深かったです。今回は時間がなかった美術館巡りにまた来てみたいものです。

　最初から最後までミラノの凄さにいろいろな意味で圧倒されていた感じがします（笑）。そうそう、サローネに興味のある方（出展、見学に限りません）、ホテルの予約は一年前からでも決して早くありませんので、余裕を持って確保しましょうね。

戸棚 LAGOM

　ついに職人試験の受験前、最後の製作課題がやって来ました。この課題では職人試験で必須とされる技術をすべて含んだ物を作ります。

　この本を最初からお読み頂いている皆さんはもうご存じかと思いますが、カペラゴーデンでまったく同じ課題を完了できずに派手につまずいています。今回はもう二度と同じ失敗を繰り返すわけにはいきません。まあ、そんなつもりはまったくありませんけどね（笑）。

　この頃から夢中になり始めていたカメラを収納できる戸棚を作ることにしました。まずは、本体の構造を考えることにしました。簡単な図を描いて、3区画の収納スペースを備える家具にすることに。たとえば一カ所が扉を備えていて、引き出しが

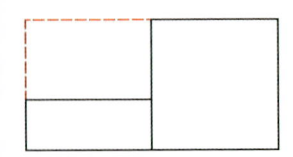

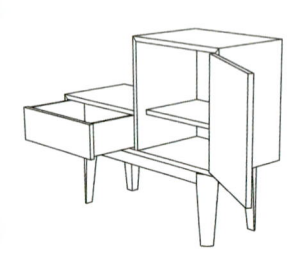

一つと、さらにもう一つの収納スペースという感じです。

　ここで、ふと面白いことを思いつきました。一部を大胆にカットしてしまうんです。この部分は段々になりますが、収納スペース代わりにも使えますし、これまでよりも背の高い物も置けるようになります。早速、CADでの製図を開始し、同時にダンボールを用いて簡単なモデルも作りました。スケッチやCAD図からはわかりづらいボリュームを把握することが容易になるからです。

　これまでとは異なり、この課題から製図は手描きでもCADでも好きな方を選択していいことになりました。ペンで描くのも大好きですが、僕はCADによる製図を選択。職人試験でもCADを使う予定だったので良い練習になりますしね。ついでに立体モデルも形成してみます。これだと360度あらゆる方向から見ることができるので非常に便利です。図面と工程表を準備し、製作を始めます。

　まずは材料取りから。色も濃さもまったく異なる白樺と桜を材として選びました。白樺（内装全般）はいかにも北欧の材というイメージです。桜は椅子Lusseの材料が残っていたので選

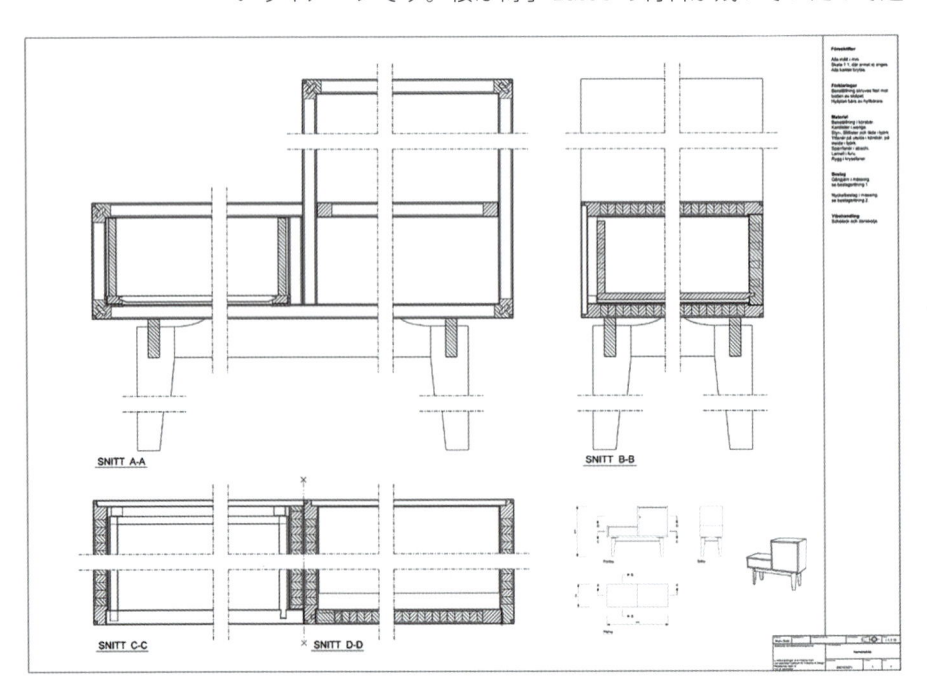

びました。あまり深く考えていないみたいですね（笑）。この時の僕はいかに無難に課題をこなす方法を結構考えていました。職人試験へ繋ぎたいこともあったのだけど、二人目の子供の出産が目前まで迫っていたからなんです。さっさと終わらせて、赤ちゃんと遊びたいじゃないですか（笑）。

　この後は合板を作っていきますが、これまでに何度も紹介していますので割愛。今回はちょっと違う話題です。金物（蝶番、鍵、鍵穴）を注文して作ってもらいました。普段は医療用機器のプロトタイプを作ったりもしている金物師に注文したのですが、もう最高の出来。市販品よりはるかに高い精度で作られています。遊び（部品が組み合わさる部分の隙間などをいう）が極限まで抑えてあるので動きが固そうに思うのですが、軽快そのもの。摩擦抵抗の小さい合成樹脂が接触面に隠されていたのです。こんな物はこれまでに見たことも聞いたこともありません。値段も凄かったですが（笑）。

　図面さえあれば何でも作れるよ、との頼もしいお言葉。この後に控えている職人試験での金物の心配はまったくなくなりました（お金は別問題です）。僕はもう狂喜乱舞（笑）で、在庫の中からたくさんの金物をまとめて譲ってもらいました。スウェーデンでは街の金物屋さんでも、ある程度の金物が手に入るのですが、日本ではそれさえも入手困難なのが現状です。ましてやこんな超高精度の物なんて見つかりません。さまざまな形状の鍵穴は今後作る家具に使えそうです。かなり高価なのですが、そう簡単に手に入る物ではないので、ある意味、安い買い物だったのかも知れません。

　取り付け方法はこれまでにやって来た通り。随分と慣れてきたみたいで、蝶番が吸い込まれるように収まる精度で加工できるようになりました。金物よりもほんの少し小さく溝を作るのがコツ。そして金物の方は底面側の角をある程度落としておくんです。そうすると見事なまでにピッタリと収まるんです。良く切れる鑿は必須です。ネジの下穴もちゃんと中心部に垂直に掘りましょう。完璧にできていれば、その後の調節も加工もスムーズに行なえ、結果的に楽になるはずです。

　はめ込んでネジを留めた時点で、金物表面が木の面より少しだけ高いのが理想です。こうしておけばヤスリで削り落とすの

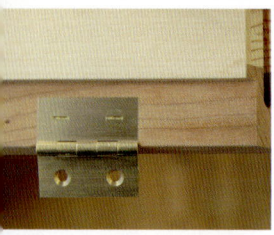

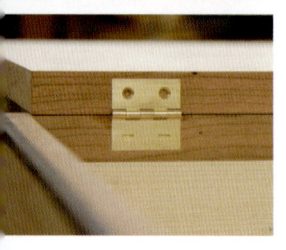

も凄く楽ですからね。木の方を深く掘ってしまった場合はどうするのか？と思いますよね。突き板を貼ったりして補修することもあるかもしれませんが、もし、ほんのちょっとくらいなら簡単です。紙を一枚挟めば良いんです。ヤスリで加工した後、ネジ頭の周囲も隙間なく加工できていれば最高ですね。職人試験ではこの状態にできていると、満点の5点評価（金物の項目）をもらえます。

そうそう、注意点があります。ヤスリで真鍮を削った際に発生する粉は、必ず一削りずつ刷毛ではらいましょう。これを怠たると、粉が繊維内に入り込み、もっと面倒なことになります。息でふき飛ばそうとするのもやめておいた方が無難です。真鍮の粉末が酸化し、黒く汚れる原因になるんです。サンドペーパーで磨くのもかなりのリスクを伴いますので要注意です。

鍵穴の内部には、鍵のメカニックが収められています。メカを先に固定してから、鍵穴を取り付けます。施錠時には扉がカタカタと前後に動かないように取り付けることも職人試験の重要な評価項目です。このような取り付け方は最高に美しく仕上げることができますが、現代の金物と違って取り付け後の調節がほとんどできませんので、高い精度での加工が重要です。でも、上手くできた時の満足感はかなりのもので、職人試験に向けて自信がつきました。

扉を取り付けたところで小さな問題が発生しました。扉と四方の隙間が一定になるように取り付けることを考えていたのですが、僕の誤算が発覚してしまいました。これまでに使用してきた蝶番は取り付け時には、約1ミリの隙間ができることを考慮して加工をしていたのですが、なんと今回、特注して作ってもらった蝶番は、取り付けた時点で0.5ミリ以下の隙間しか生じないほどの高精度だったのです。ガタのなさなど動きばかりを見てしまい、まったく油断していました。4辺すべてを1ミリくらいの隙間にする予定で加工していたのに、蝶番が付く辺（右側）だけ非常に狭い間隔となり、逆に左辺は間隔が広がってしまいました。次回への良い教訓となりました。

この家具の一番の特徴は、本体を縁取るラインでしょう。溝を施してからウェンジ（アフリカ産の堅い樹種）の細い棒を接着しています。接着後に鉋で表面を合わせるのですが、あっと

いう間に刃が切れなくなる（刃物は使うにしたがって切れ味が落ちていくのですが、材によってはそれが顕著に現われます）ので何度も研ぎ直しながら作業を進めます。この縁取りは、背板をはめ込む作業の手間を省くために行ないました。背板を隙間なく高い精度でピッタリと取り付けられていると、職人試験での高評価にも繋がるのですが、結構面倒なのです。さらにこの家具のような形状となると鉋で調節する手間も飛躍的に増すのです。よって、縁取りを行なうことで、背板と本体の隙間も一緒に加工してしまおうという狙いがあったのです。

　え、縁取りを施す方が面倒じゃないのかって？　まったくその通りです（笑）。実際の手間ははるかに増えるでしょうね。でも、全然面白くない作業をちまちまと続けるよりも、僕はこういうことをしていた方がずっと有意義だと思います。そして、この縁取りの意匠はなかなか面白いので、次回の職人試験作品にも採り入れることにしました。

　今回は無事に合格（まあ当然）。やっと3年前の悪夢を乗り越えて、新たな一歩を歩めました。一安心です。そうそう先にお話しした第二子ですが、無事に娘が生まれました。最高の状態で職人試験を迎えられそうです。

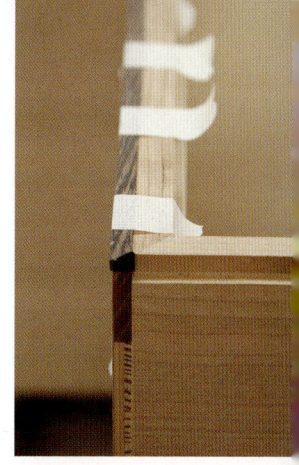

8週間の研修

マルムステン校では3年次の初めに8週間の研修が割り当てられています。研修先は木工に関することならば基本的に何でもOKです。工房で実地研修をするのはもちろん、美術学校で助手として教えたり、美術館で木工の歴史を勉強したりすることも認められています。そして、研修場所も自由です。スウェーデン国内でも良いですし、ヨーロッパやアメリカ、オーストラリア、さらには日本へ行く者もいます。ただし、研修先は学校から斡旋されるわけではなく、基本的には自分自身で発掘しなければなりません（過去にお世話になったところならば、紹介くらいはしてもらえる）。研修中にかかる費用（場所によっては渡航や滞在費）も自己負担です。研修先探しを自分で行なうことも、ある意味、将来の独立へ向けた良い練習になるでしょう。

そして、僕はストックホルムにある家具工房に研修場所を見つけました。家族がいるので近場の方が都合が良かったのです。でも、理由はそれだけではありません。ここで研修をできる魅力の方がずっと上でした。まず、2人で注文を切り盛りしている小さな工房だったこと。僕も将来はこれくらいの規模で仕事を始める可能性が高いので、どのように仕事をしているのか非常に興味がありました。そして小さな工房とはいえ、ただの零細工房ではなかったことにも興味を引かれました。しばしば、スウェーデンの有名な企業の仕事を請け負い、さらにはトップデザイナーの新作のプロトタイプを作ったりしているのです。

研修期間に一つのプロジェクトを進める（何か作品を作る）という者もいますが、僕の一番の目的は工房の日常を一人の使用人として働くこと。そのように希望を伝え、工房内でのさまざまな仕事を体験できました。当然小さな工房なので雑用から、家具作りまで何でも有りです。朝から夕方まで毎日、学校ではなく工房へ通う日々はなかなか新鮮でした。いくつか印象深かった事例を紹介しますね。

まずはいきなり凄い現場です。以前に納めた物の改良依頼

だったのですが、現場は宮殿。現在は美術館や貸しオフィスなどになっていますが、元はスウェーデン王室の建物です。その宮殿の一画にあるWWF（世界自然保護基金）スウェーデン支部の会議室にある戸棚を改良しに出かけました。オフィスとはいえ、内装はもうすべてが文化財（笑）。壁紙も素晴らしい物なので、へたに傷つけられませんし、寄っかかるのもはばかられます。

　この部屋に並べられていたたくさんの陶器製の人形にも目を奪われました。これらは販売代金の一部をWWFへの寄付金とする目的で限定生産された物なのですが、いまではコレクターズアイテムになっているほどです。日本でも人気のあるリサ・ラーションの作品です。初めて見る僕は感激。仕事もそっちのけ（笑）でした。

　研修先では注文家具の製作が主要な業務となっています。そうなってくると顧客は比較的裕福な人が多く、なかなか見られないお金持ちのスウェーデン人の家を見る機会がしばしばありました。普段、学生仲間とばかり接している僕にはもう驚きの世界です（笑）。アンティーク家具をオークションで探し集めている方とか、そのままインテリア雑誌に載せても平気な素晴らしい内装の部屋など。良い部屋は窓から見える景色も素晴らしいことがよくわかりました。ストックホルムの街を一望できたり、教会の庭が目の前に広がっていたり、さらには17世紀頃からの古い集落が見えるんです。

　研修は8月後半からだったので、まだ暖かい日があるので昼食時にはお弁当を持って近所にある公園へ出かけました。ストックホルムはそこらじゅうに綺麗な公園があり、毎日違うところへ出かけられるほどなんですよ。美味しいアイスクリーム屋さんが近くにある公園や、すごく静かな庭が広がる教会などをその日の気分で選びました。

　そして、研修最終日。親方たちの計らいで有名な家具デザイナーであるオーケ・アクセルソン（Åke Axelsson）のアトリエ見学へ連れて行ってもらいました。彼は椅子のマイスターとも呼ばれるほどたくさんの椅子をデザインしていて、スウェーデン家具の巨匠と呼ぶべき人物です。ストックホルム郊外、夏にはヨーロッパ中からヨットや観光客が集まる風光明媚な場所に

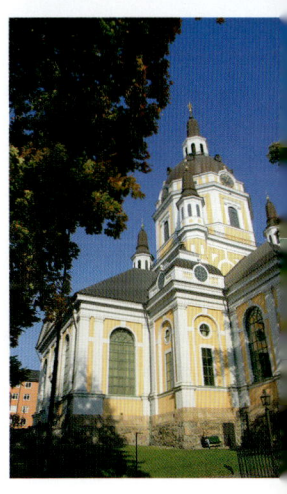

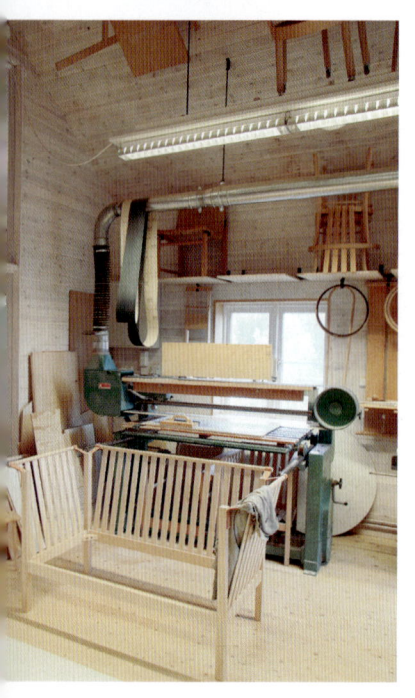

デザイン事務所、工房兼、自宅を構えています。

アトリエ兼ギャラリーには彼の過去40年に及ぶ作品が並んでいますが、その内、最近の10年ほどの彼の作品（一品物や量産前のプロトタイプ）は、今回の研修先で製作しています。お互いの知識と技術、アイデアを交換しながら形にしていく作業は非常にやりがいがあることでしょうね。ストックホルム王宮から注文も受けています。

そして、今回一番の驚きは作業場でした。ギャラリーの横に立派な工房があったのです。彼はデザイナーとして非常に有名なのですが、正確には超優秀な技術および知識も兼ね備えた家具職人でもあったんです。すでに70歳を過ぎているというのに、誰かにやらせるのではなく、まずは自分で加工、試作をしているのだと聞き、驚きました。まだまだ改良に余念がないようです。

数時間の訪問でしたが、僕にとって得た物はたくさんありました。優秀な技術者でありながら、トップクラスのデザイナーとしていまでも第一線で活躍している人物なんて見てしまうと、刺激を受けないというのがウソになりますね（笑）。そして、いろいろなことを学べた充実した8週間となりました。

え、良い経験ばかりじゃないかって？いえいえ、どうでも良い仕事もたくさんありましたよ。たとえば、落書きされてしまった玄関のペンキ塗り直しとか、大衆レストランの椅子座面の張り替え等など。座面の裏にたくさん付いているガムを剥がすことからまず始まるんです（笑）。まあ、なかなかできない経験ではありますね！

職人試験 - 図面課程 -

ついにマルムステン校の入学時からの、最大の目標であった職人試験の年になりました。

試験に向けて最初に始まったのが「デザインプロ

ジェクト」と名付けられたクラス。職人試験で製作する物の発案から、デザイン、図面、レポートまでをこなします。デザインそのものは職人試験の評価項目ではありませんが、デザイン科の教官と共に課程を進め、各々のアイデアに沿ってコメントをもらったり、アドバイスを受けたりします。もちろん学生同士でも何度も話し合って考えをまとめていきます。この時点が実質、職人試験のスタートで、図面提出期限の12月1日まで約40日間の猶予がありました。職人試験作品の提出日（検査日）は5月半ばという長い道のりなのですが、図面提出までの日数はかなり限られているので、一日たりとも無駄にはできそうもありませんでした。

　僕が最初から決めていたことは、たくさん持っているカメラ（スウェーデンの有名なカメラであるハッセルブラッド）やレンズを整理整頓できる戸棚。当初はまず、ハッセルブラッドのカメラシステム（レンズ、ボディ、ファインダー、巻き上げクランク、フィルムマガジンというように分けることができ、必要な部位は違う物と簡単に交換ができる）と同じようにパーツを分けることができる形状の検討から始めました。

　スケッチで大まかな形を掴み、CAD上で正面図を描いてみました。茶の部分が扉や引き出し、黒い部分が空間を示しています（次ページ、一番上の写真）。ただし、これだけだといま一つわかりにくいので、いくつかの形状の厚紙を切り出して、実際に指で動かしながらさまざまな組み合わせを試みることにしました。帰宅してからも息子と一緒に、あーでもない、こーでもないと考えました。当然、息子は何かの遊びだとしか思っていなかったはずですが、僕などが通常は考えも付かない組み合わせ（たとえば、脚の下に引き出しがある戸棚）が出てくるので非常に面白かったです。柔らかい発想を持つことが良いアイデアに結びつくのだと再認識しました。

　これらの過程を経たのち、やっぱり分解できる構造はやめようと思うようになりました。気分によって組み合わせを変化させられるのは奇抜で面白いのですが、どのような組み合わせでも精度良く収めるのはかなりの困難が予想されますし、なによりも中身に入れる精密機器（カメラ）のことを考えると強度や剛性の点で不安が残っていたからです。

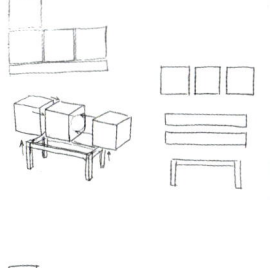

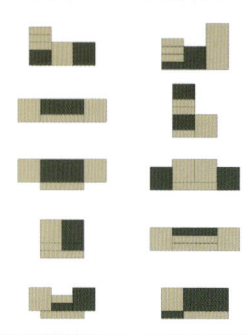

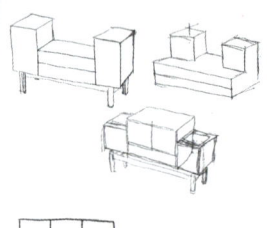

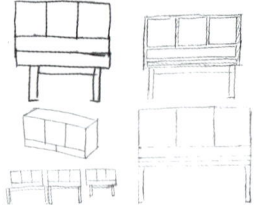

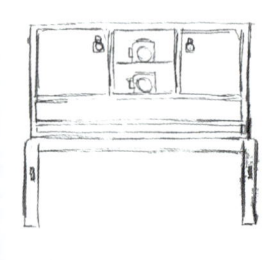

そこで次は一体型構造で検討を始めました。ここで考えたことは、カメラやレンズの交換時に物を置く作業台となるスペース。その場でレンズを取り外して、違う物を取り付けられると便利だからです。そんなに焦ってレンズを交換する必要があるのかな？と思いますよね。でも子供を撮影するようになると焦るものなのです（笑）。シャッターチャンスは逃せません。カメラの準備は極力早く済ませ、撮影に集中するための工夫です。

前回作った職人試験前最後の戸棚と同じように戸棚の上をそのスペースにしようと考えました。腰の高さくらいに戸棚の上面が来るように最初は考えていたのですが、こうすると引き出しが低い位置になってしまい、取り出しづらいと想像できます。そこで今度は肩くらいの高さにすることに変更。これならば、引き出しの出し入れも楽ですし、立ったまま交換作業を続けられます。使用時の姿勢の考慮も特別な家具を作るためには大事なことですよね。

次に引き出し内部に収めるカメラやレンズなどの寸法を計測し、内部のレイアウトを考えてみました。ここからおのずと戸棚の幅が決まります。ある程度の形が見えてきてからは実寸の模型を作り、さらに案を煮詰めます。モデルを作ったら案の定、想像以上に大きいことがわかり、少しスケールダウンすることにしました。高さはそのままにして、幅を抑えることにしました。引き出し内部のレイアウトや、間隔を詰めてコンパクトにしています。

検討を重ねてきたところで、今度は講師を招いて職人試験の製図に必要なポイントなどを教わりました。彼はマルムステン校家具製作科の前教官で、スウェーデンの木工界ではかなりの実力者として有名です。提出する図面には、作品のすべての事柄が描き込まれるか、注釈として記されていないと減点対象となります。また、図面のレイアウト、線の美しさ、全体を通しての統一感も重要なのです。誰が見ても内容を適切に理解できる図面が、良い図面なのです。

1/10の模型を作ってフォルムとバランスを確認したり、さらにはその写真をパソコン上で色々とシミュレーションもして、材種や意匠を検討します。扉の全面に僕が撮った写真

を象嵌加工することも検討。フィルムをそのまま戸棚に焼き込んだようなイメージを思い描きました。次に中扉をなくしてみる。カメラを意匠の一つと考える。象嵌もなくし、ハッセルブラッドのマークだけでシンプルに見せる。こうして段々と全体像がまとまってきました。でもまだまだ悩むので、周囲の皆にもアドバイスを求めるのですが、各々が違うことを言うのでなかなか決定できません（笑）。3Dで描いてグルグルと回してみたりもしました。とりあえず、一つずつ進めていきます。

　さて、ここで少しだけ僕のアイデアについて紹介しましょう。戸棚の構造にはまったく影響しませんが、この戸棚を性格付ける大事な意匠があるからです。僕が作ろうと思っている物はハッセルブラッドを収納する戸棚ですが、まずはこのフィルムをご覧下さい。ハッセルブラッドで撮ったフィルムには必ず見受けられる、ある特徴があるのをご存じですか？

　写真の左端をよく見ると小さな三角形のノッチが二つ見えていますよね。これがハッセルブラッドによって撮られた写真という証明であり、典型的な特徴です。他のカメラで撮ったフィルムにはこの切り込みは現れません。ハッセルブラッド社のカタログにも、この意匠が見受けられます。ぜひ作品内に活用しようと考え、扉の縁にその二つのノッチを入れてみました。ちょっと面白いでしょ。

　こうして最後の2週間は一日中、パソコンとにらめっこしながら製図作業。職人試験の図面は手描きでもCAD作図でも構わない（要するに図面の出来が重要）ので、僕たち5人はCADによる製図を選びました。朝8時過ぎに登校し、20時くらいまで作業を続けました。提出日に間に合わなかったり、図面審査で合格点に満たなかったりすると、受験どころか製作さえも始められないので、画面の見過ぎで目が赤くなっても頑張らねばいけません。この時点で既に長丁場の職人試験をやり遂げられるか気力を試されている感じです。とりあえず図面は満点評価を狙ってみようと思っていたので完璧に仕上げるつもりでした。かなり強気ですね。

　戸棚本体を描くだけではなく、作品中に使われる金具や象嵌模様などの図面も必要です。引き出しに付く取っ手は普段

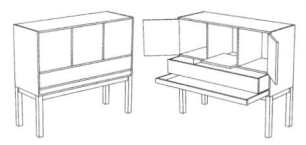

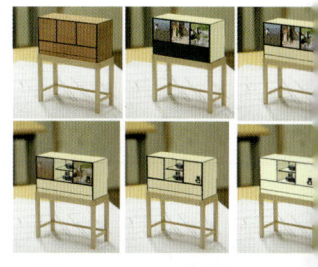

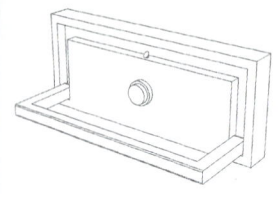

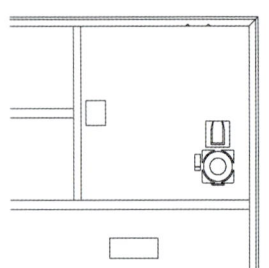

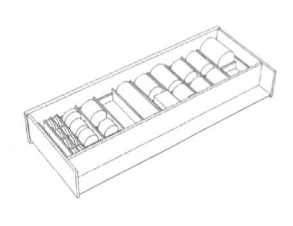

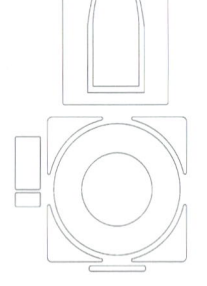

は中に収まっているのですが、ボタンを下げると磁石の反発力を利用して飛び出すように考えられています。戸棚正面の意匠にはハッセルブラッドのマークが象嵌で入り、枠部には2つのノッチが見えています。レンズなどを収納する引き出しの内装案も準備しました。ハッセルブラッド用のレンズをこれだけ並べると、迫力がありそうです。こういう段階ではいろいろと考えられて本当に面白いのだけど、製作が始まるとやっぱりやめておけばよかったとウンザリしたりするんですよね（笑）。

　図面以外にも、作業工程表を準備します。効率の良い加工ができるように工程を考え、各工程ごとに必要な時間を書き出します。仕事として家具を作るようになったら、どれくらいの時間で完成できるかも判断できないといけませんからね。審査時には作業時間が必要以上に多すぎると判断されると、少なめの時間を指定され、その時間以内に完成しないとなりません。そして僕の場合はハッセルブラッド社のマークを意匠に使う許可を求める必要がありました。本社へ連絡をすると、想像以上に良い反応で簡単に許可を得ることができました。これは嬉しいですね。

　そして提出日。前夜は他の学生の分を手伝ったりしていたので、僕は日付が変わってからの帰宅。徹夜した者もいたようです。これまでに何度も何度も、幾度となく、確認を行なっていますが最後のチェックを行ない、教官（職人試験中の監督官にもなる）のサインをもらって、ついに提出準備が整いました。提出先はストックホルムの中心部。あっさりと提出が完了したのでちょっと拍子抜けでした。とりあえず一安心です。

　172ページにあるのが僕の提出した図面。このA0サイズ（1189×841ミリ）図面以外に、9枚の図面（金具など）と工程表を用意しました。この後、年末にかけて材料の購入や準備をして、年明けから製作開始となります。図面審査で合格しなければ製作を始められないのですが、たぶん大丈夫でしょう。満点を狙っていたのに、提出後にちょっとしたミ

スを見つけてしまった（次ページの図面でもそのままです。どこだかわかりますか？）のが少し心残りでしたが。

　提出が済んでホッとしたのも束の間、今度はここまでのデザイン過程をレポートにまとめなければなりません。最初に書きましたが「デザインプロジェクト」の課題として、この職人試験作品の製図が含まれているので最後にレポート提出が課せられているのです。はっきり言って僕にとっては製図よりも大変でした（笑）。

　そして製図提出から約 10 日後、レポート提出も済んだ頃に、審査結果および評価が戻ってきました。評価項目はレイアウト、正確性、製図技術の 3 項目で、各項目 5 点満点で審査（3 点以上が合格）が行なわれます。肝心の僕の評価はというと……なんと、5.0 点!!　期待していた満点が取れました。しかも、すごいことに一緒にマルムステン校から受験する 5 人全員が満点。僕の知っている限りでは初めてのことだと思います。製作に向けて皆で幸先の良いスタートが切れました。

Skola/företag	Namn Carl Malmsten CTD		Mästare Lars Brag	
	Utdelningsadress Renstiernasgata 12	Postnr/Ort 116 28 Stockholm	Telefon även riktnummer 08-38 23 21	
Gesäll-prov	Art GOLVSKÅP			
	Tilldelat antal timmar 325			

Granskningsnämnd				
A	Namn Rune Jansson	Adress		Tel:
B	Namn Leif Burman	Adress		Tel:
C	Namn	Adress		Tel:

Poäng	Layout	Tydlighet	Ritteknik	Medelpoäng
A	5	5	5	5
B	5	5	5	5
C				

Konstruktion & funktion		Summa poäng	Slutpoäng/betyg

職人試験　- 製作課程 -

　僕のスウェーデン留学の大きな目的ともなっていた職人試験の製作がはじまりました。これまで何度もスウェーデンの職人試験を見る機会がありましたが、ついに僕自身が受験者の側と

FRONTVY　　　　　　　　　　　　　　　SNITT A - A

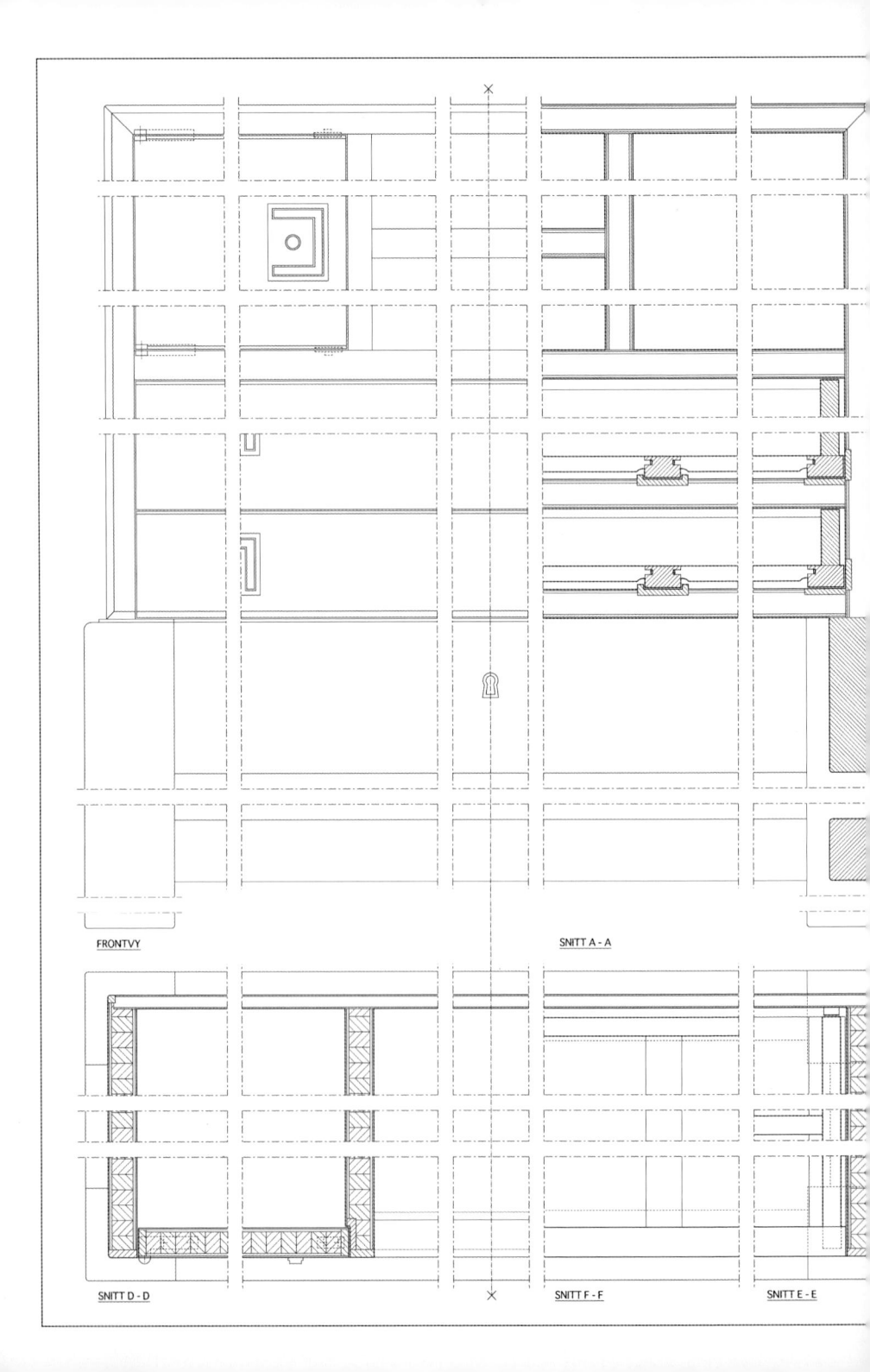

SNITT D - D　　　　　　　　　　SNITT F - F　　　　SNITT E - E

FÖRKLARINGAR

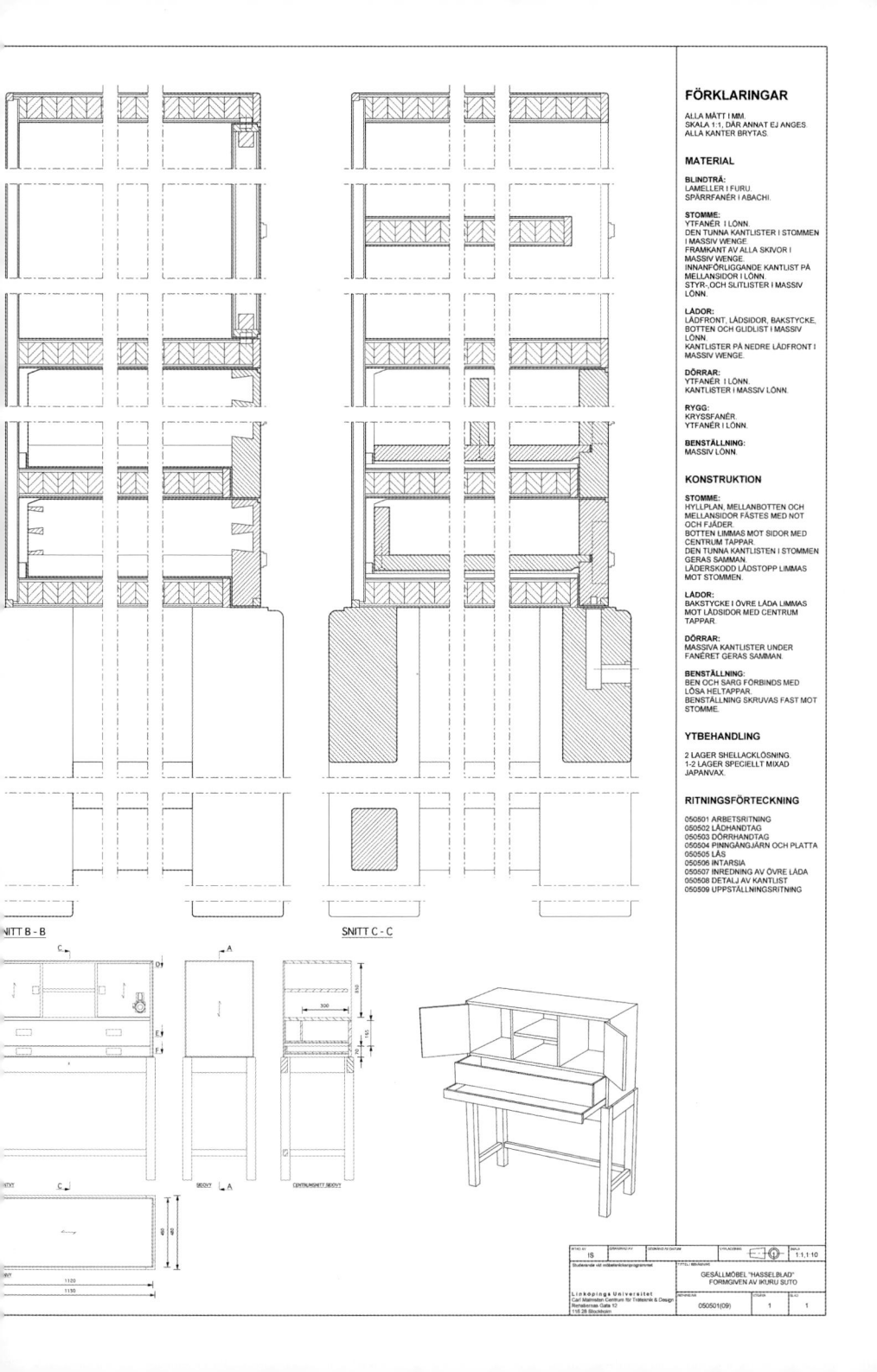

ALLA MÅTT I MM.
SKALA 1:1, DÄR ANNAT EJ ANGES.
ALLA KANTER BRYTAS.

MATERIAL

BLINDTRÄ:
LAMELLER I FURU.
SPÄRRFANER I ABACHI.

STOMME:
YTFANER I LÖNN.
DEN TUNNA KANTLISTER I STOMMEN
I MASSIV WENGE.
FRAMKANT AV ALLA SKIVOR I
MASSIV WENGE.
INNANFÖRLIGGANDE KANTLIST PÅ
MELLANSIDOR I LÖNN.
STYR-. OCH SLITLISTER I MASSIV
LÖNN.

LÅDOR:
LÅDFRONT, LÅDSIDOR, BAKSTYCKE,
BOTTEN OCH GLIDLIST I MASSIV
LÖNN.
KANTLISTER PÅ NEDRE LÅDFRONT I
MASSIV WENGE.

DÖRRAR:
YTFANER I LÖNN.
KANTLISTER I MASSIV LÖNN.

RYGG:
KRYSSFANER.
YTFANER I LÖNN.

BENSTÄLLNING:
MASSIV LÖNN.

KONSTRUKTION

STOMME:
HYLLPLAN, MELLANBOTTEN OCH
MELLANSIDOR FÄSTES MED NOT
OCH FJÄDER.
BOTTEN LIMMAS MOT SIDOR MED
CENTRUM TAPPAR.
DEN TUNNA KANTLISTEN I STOMMEN
GERAS SAMMAN.
LÄDERSKODD LÅDSTOPP LIMMAS
MOT STOMMEN.

LÅDOR:
BAKSTYCKE I ÖVRE LÅDA LIMMAS
MOT LÅDSIDORNA MED CENTRUM
TAPPAR.

DÖRRAR:
MASSIVA KANTLISTER UNDER
FANÉRET GERAS SAMMAN.

BENSTÄLLNING:
BEN OCH SARG FÖRBINDS MED
LÖSA HELTAPPAR.
BENSTÄLLNING SKRUVAS FAST MOT
STOMME.

YTBEHANDLING

2 LAGER SHELLACKLÖSNING.
1-2 LAGER SPECIELLT MIXAD
JAPANVAX.

RITNINGSFÖRTECKNING

050501 ARBETSRITNING
050502 LÅDHANDTAG
050503 DÖRRHANDTAG
050504 PINNGÅNGJÄRN OCH PLATTA
050505 LÅS
050506 INTARSIA
050507 INREDNING AV ÖVRE LÅDA
050508 DETALJ AV KANTLIST
050509 UPPSTÄLLNINGSRITNING

SNITT B - B

SNITT C - C

GESÄLLMÖBEL "HASSELBLAD"
FORMGIVEN AV IKURU SUTO

なりました。

　これまでまわりにはあまり言わないようにしていたのですが、マルムステン校は間違いなくスウェーデン最高峰。他にも家具製作を学べる学校はたくさんありますし、マルムステン校同様に大学卒としての学位を取得できる場もありますが、マルムステン校の家具製作科は完全に別格と言って差し支えないほどの高い評価を受けています。

　また、マルムステンの学校（マルムステン校もしくは、カペラゴーデン）で取った資格と、その他の場所で得た資格にも大きな差があります。もちろん資格自体にはまったく差がありませんし、ヨーロッパで通用する資格証明書もまったく同じ物です。しかし、内容、本人のプライド、知名度も含めて雲泥の差があるといっても過言ではありませんし、マルムステン校で高評価を受けた職人試験作品は、ひとつ上のマイスター作品として認めてもよいのではないかという議論もされているほどなのです。ですからマルムステン校の学生は、職人試験ではどこに出しても恥ずかしくない最高レベルの評価を目指します。口には出さずとも、皆、絶対そう思っています。実際、試験では北欧一、ヨーロッパNo.1、もしくは世界最高と言われる学校の評判に沿うだけの内容を求められます。誇張しているように聞こえるかもしれませんが、これがマルムステン校なのです。

　そんな中での受験だったため、僕は学校の評判はあまり大っぴらに話さずにいました。だって、不合格だったら格好悪いじゃないですか（笑）。

　ということで、図面課程に引き続いて作品製作について紹介していきます。各作業工程は並行して進められていたり、交互に行なっていたりしていますが、わかりやすいように各部材、工程ごとにまとめています。

　年末に図面と一緒に製作工程表の審査もおこなわれ、325時間以内で作りなさいとの製作時間指定を受けました。工程表を提出時に、工程ごとの推定作業時間を記入し計算しておくのですが、僕の場合は予想時間よりもちょっと減らされていました。これは一日、約6時間前後働いた（休憩等は含まず）としたら、11～12週くらいの日数で完成するペースとなります。実際は他にも準備をしたり、風邪で休んだりすることを考慮に

入れるので締め切りは 5 月 15 日と設定されていました。ただし、他にも旅行に出かけたり、課題やイベントがあったりするので、締め切りに合わせてしっかりと計画を立て、作業を進めることが重要になります。この試験期間中は作品を作るだけではなく、本人自身の体調、プレッシャーに対する精神的なコントロールも必要です。要するに、予定外の風邪をひいて 1 週間休んだくらいで間に合わなくなるようではダメなのです。また、基本的に意匠の変更や、製作を楽にする変更は認められず、提出した作品図面通りに作らないとなりません。かなり時間があるように思えますが、時間が過ぎるのはあっという間なのです。

　まだ十分な材を確保し切れていなかったので、レンタカーでストックホルムから 4 時間くらい南の街にある材木屋さんへ出かけました。既にストックホルム周辺の材木屋さんを見て回っていたのですが、満足いくカエデの突き板を見つけられていなかったのです。柾目（縦に真っ直ぐ通った木目）で木目間が詰まった物が欲しかったんです。電話で問い合わせたところ、在庫はたくさんあると言うので探しに行きました。

　幸い雪は降っていなかったので走りやすかったのですが、やはり真冬のスウェーデン。凍り付いている湖の横を走り抜けながら材木屋さんへ到着しました。製材から突き板のスライスまで自社で加工しているだけあって、在庫は予想以上に豊富でした。担当してくれた方はカペラゴーデンのこともよく知っていて、とても親切にお勧めの材を教えてくれ、僕の欲しい木目の突き板もすぐに見つかりました。長旅の甲斐があったというものです。材の注文と選定の時点から既に家具作り、そして職人試験が始まっています。

　材料取りから。とりあえずは大ざっぱに木取りをして、しばらく応力が抜ける（木が動くので、落ち着くまで待つのです）まで寝かせておきます。そして合板製作からスタートします。これまで何度も紹介していますので詳しい説明は省きますが、作品の基本となる板なので、節があったり、派手に反ったりしていない素性の良い部材を選びながら、合板に加工していきました。完成時にはまったく見えなくなる場所ですが、手抜きは

できません。表面にカエデの突き板を接着する前の状態に成型し、重ねておきます。

　脚部の材料は5センチ厚のカエデ材。しかし、僕は6センチ角の脚が欲しいので、材を貼り合わせて大きくします。4面とも柾目にしたいので、このように三角に切っています。なぜ、三角形にする必要があるのでしょうか？　強度だけを考えればまったくこうする必要はありません。しかし、三角形の部材を貼り合わせることには意匠面での大きな利点が隠されています。接着面が角になるので目立たず、一つの部材のように見えるのです。これも綺麗に作るための知恵、テクニックです。もちろん、工程にはかなりの手間が増え、無駄になる材も多くなってしまいます。三角に加工をするのも面倒ですし、何よりも接着が大変です。圧を加えやすいように型を用意して接着作業をしました。綺麗に接着するのはなかなか難しく手こずりました。

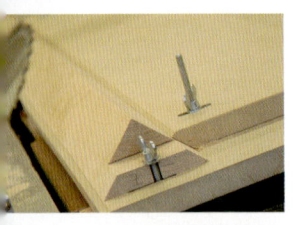

　次は、本体表面の化粧板となるカエデの突き板（約0.5ミリ厚）の準備を始めました。あとでわからなくならないように、各突き板には番号と部位の名称を書き込んでおきます。突き板の並べ方も一定のルールの下で行なうことで、全体の印象を統一することができるのです。いつも通り、突き板同士の接着前にまずテープでつなぎ合わせます。準備が整ったら、既に作ってある合板の両面に接着します。その後に各板の縁となるウェンジも接着しています。

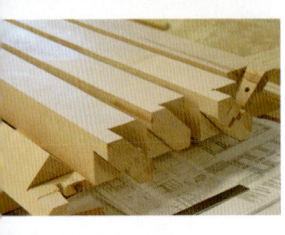

　扉に付くハッセルブラッド社のマークの象嵌製作も開始しました。普通の図柄などは刃の位置がずれてもそれほど目立たな

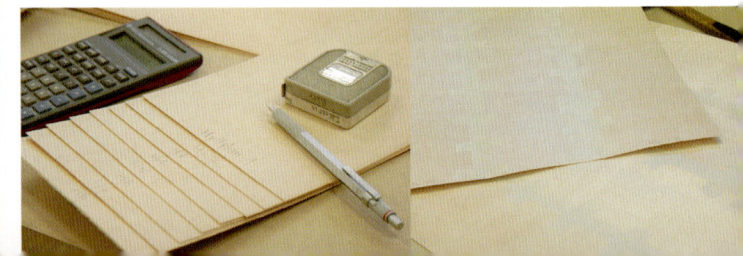

い（不自然には見えない）のですが、今回のように直線や円がモチーフで、間隔が一定になっている部分があったりするとグッと難しくなります。何度も練習を繰り返すことになりました。何種類かの素材で見え方を試し、木目の方向を検討しました。周囲と同じ材を使って、木目方向を90度傾けるのも面白かったのですが、コントラストをはっきりとさせるために、当初の計画通りにウェンジ材でモチーフを作ることとしました。オイルを塗ると色の深みがグッと増して美しくなるんですよ。

　パーツをひとつずつ切り出します。ちょっと前にも説明しましたが、台を傾けて加工するので、切って行く方向（時計回りか、反時計回り）の判断が重要です。上からオリジナルの線に沿った分、ウェンジのパーツ、中間材、台紙の順に重なっています。しかし、この中で必要なのはウェンジだけ。贅沢ですよねー。こんな感じにパーツをひとつ切り出してははめ込んで、また次の部位を加工していきます。扉に取り付けた際に木目の方向と合うようにするので直線部などは気をつかいます。見るからに傾いていたりしたら恥ずかしいですからね（笑）。

　各板を正確な大きさに加工します。加工時には裏側の突き板が損傷しないように板の下にもう一枚の適当な板を置いています。断面を見ると、合板の構造がよく確認できますね。さらに接着部や引き出しレールなどになる溝を加工します。加工前に確認できるように、テスト用のまったく同じ板を余分に用意してあります。切削時に突き板が傷つかないか確認するためです。残しておきたい部分がめくれ上がって傷ついたりするのを防ぐために、状況によっては紙テープ（これだけでも突き板のめくれ上がりを防げることもある）を貼ったり、先にナイフで加工ラインを罫引く（要するに、先に突き板を切っておく）などの対策が必要です。

　二つのレールは、引き出しの動きを制御するために取り付けています。幅広の引き出しを出し入れしたことのある方ならば、出し入れ中にガツッ、ガツッと、引っ掛ってしまった経験があると思います。しかし、この戸棚の引き出しは左右の側板で引き出しを支えるのではなくて、このレール上を滑らせるという構造（引き出しの底板にも、このレールに合うように板が

付いている）になっています。引き出しの奥行きよりもレール幅を狭くすることで、仮想的に奥行きの長い引き出しのようにし、問題を未然に防ぐ狙いがあります。なるほど！という、工夫ですよね。もちろん、平行が出ていなかったり、ガタが多すぎれば効果はなくなるので、正確な加工が必要になります。引き出しのスムーズな動きは、職人試験の重要な審査項目でもあるので、この戸棚の製作の中で一番難しい場所ともいえるかもしれません。小さな引き出しにすれば、ずっと難易度が下がるのですが、これだけ大きいと正確な加工も当然として、調節も大変です。

　ここで、この戸棚に使われる金具をご覧ください。年末に注文しておいた（写真は金物師に注文しているところ）のですが、期待以上に素晴らしい物ができ上がってきました。特に扉と引き出しの取っ手は感動物の出来でした。ボタンをスライドさせると留め具が外れ、ハンドルと金具内に埋め込まれている磁石の反発力を利用してポンッと、ハンドルが飛び出してくるのです。磁石を利用してハンドルを収納する仕掛けをよく見ますが、それとは逆の発想です。我ながら良いアイデアだと思っていましたが、こうも上手くいくと笑いが止まりませんでした。この素晴らしい出来の金具に見合うだけの家具を作らないとなりませんね！え、幾らしたかですって？（笑）高いですよー。今後の良いサンプルになると思って、多めに作ってもらっていますが、全部合わせて20万円くらいは払いました。でも、これだけの素晴らしい出来なら、決して高くはないと思います。

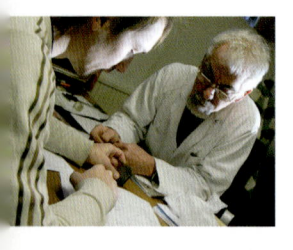

　さっそく蝶番を埋め込みます。端に約0.5ミリ分残してある

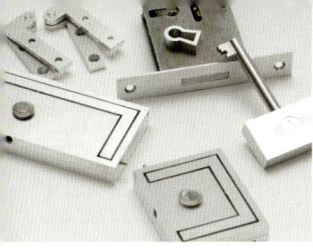

のは、扉と本体の隙間分と想定しています。これまでと同じく、金具がピッタリと（吸い付くように）収まるように加工しています。ネジの締め付けも、ネジ穴がずれたり、斜めにネジが入ったりしないように注意しなくてはなりません。また、ネジ頭の溝は木目方向にするのが美しいとされています。そして、ヤスリでネジの頭を削って金具と同じ面にします。ヤスリにテープを貼っているのは、木の面を直接傷つけて痛めないようにするため。切削の残りがテープ一枚分に近づいてから、テープなしで仕上げます。アルミや鉄、さらに今回はウェンジの粉がカエデの木目に入り込まないように対策を施してあります。テーブルを作った際に覚えたテクニックですが、先にシェラックを薄く塗布してあります。何もしないと、かなり見苦しくなる可能性があるので注意が必要です。蝶番とネジの色が違うのは、素材の違い（アルミと鉄）から。同じ素材の物を使用すれば、ネジ溝のみが残って美しくなるのですが、アルミのネジでは柔らかすぎるので、鉄のネジを使っています。

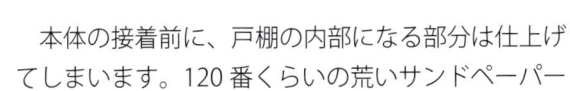

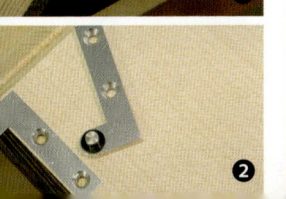

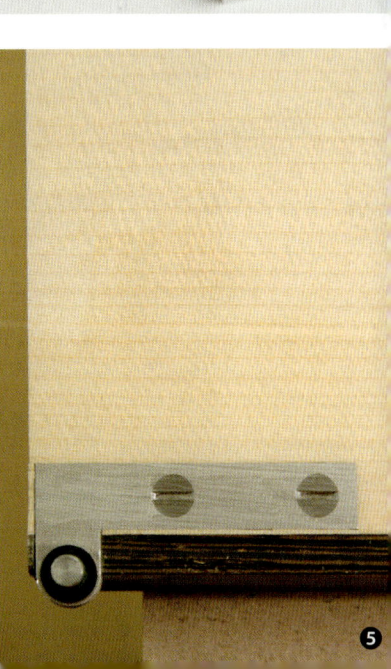

　本体の接着前に、戸棚の内部になる部分は仕上げてしまいます。120番くらいの荒いサンドペーパー

から始め、150、180、240、320、そして400番と細かい目の物まで、ひたすらペーパー掛けをして表面を整えていきます。人によってはここからさらに1000番まで追い込むのですが、僕はそこまではしていません。その後、シェラックで塗装。2層ほど重ねて、その都度、磨いています。そして最後に蜜蝋に和蝋とカルナバワックスを混ぜたとっておきのワックス（これまでにも使っている分です）で仕上げました。ちなみに、緑色のテープは接着剤が付く場所をワックスから保護する目的があります。

　やっと接着作業を始められる段階になりました。全体を一気に接着するのではなく、一つずつ接着していきます。中心部の棚→側板を接着→底板という工程です。接着面全体にしっかりと接着圧が加わるように、いろいろと工夫しています。ついに戸棚の形が見え始めてきたので嬉しいです。

上部の棚を支える脚部の製作を再開します。まずは、各部材のほぞ加工をし、脚部に取り付ける鍵の準備に移りました。これも金物師に特注した金具の一つです。日本ではまず手に入らない高精度に仕上がっています。基本的な加工は蝶番の所で紹介した内容と同じ。カギ穴の位置を確認して正確に取り付けます。鍵に彫り込まれているマークは、ハッセルブラッド社の意匠のひとつ。本物そっくりにコピー（注：ハッセルブラッド社から許可を得ています）されています。

　背板は5枚の突き板を重ねて合板（プライウッド）にしています。緑のテープで接着部分をマスクした後、ワックスで仕上げ。この時点で既に締め切りまで残り1カ月を切っていたため、休みなしで毎日作業することを決定。2月には家具見本市に出品をしていたので、時間がどんどんなくなっていました。集中して頑張るためにも作業台前の窓には子供たちの写真を貼り付けてみました。

　脚を成形してから、脚部の接着を開始したのですが、ここでトラブル発生。脚部の接着が完了してから奥行きがあり過ぎることが判明したのです。材料表を書き出した時点からの僕の初歩的なミスでした。何度も確認したはずなのにまったく気付かなかったことにガッカリです。この段階での時間のロスはショックでした。でも、短すぎるよりは長かったのは運が良い（新たに材料を用意せずとも、短くすれば良いから）と前向きに考え直して、再スタート。さらにもう一つ、トラブル。この失敗など数日分の工程を撮影した写真すべてを、2歳の息子に消されてしまったんです。まさか初期化コマンドを選んで、確認メッセージに対してYESを選ぶとは予想だにしませんでした。まあ、失敗の証拠写真がなくなったのですから良いかな（笑）。

脚を接着し直して、ついに戸棚と一体化。この状態になってやっと引き出しの製作が始まります。実際の使用時と同じ状態になってからの方が、調整などがやりやすいから（歪みの発生するリスクが少ない）です。このような大きな引き出しの底板には、合板を選ぶ方が加工も楽で特性も良いのですが、あえて僕は無垢材を選択することにしました。理由は特にありませんが、綺麗だから好きという感じかな。しかし、ただでさえ時間があまりないのに手こずる羽目に陥りました。板が反るという無垢材の典型的なトラブルが発生したのです。反りを押さえきれないので、妥協点を探りながらの組み立てとなりました。底板をまずは調節して合わせてから、次の工程に進みます。

　引き出し前板と側板の接合部になる組み手を加工します。元々、あまり得意でないので好きではないのですが、そんなことを言っている暇はありません。どんどん進めます。これまでの経験とは作業工程を変えて、ギリギリまで機械で加工して残りを手作業でこなすことにしました。同じく職人試験を受けるクラスメートが数日前にこの方法を選んでいて、精度も悪くなさそうだったので真似することにしました。最終的には鑿を使用して手作業で仕上げます。時間があれば、もうちょっと丁寧に作業できるのですが、この時点では出来の良さよりも作業を早く進めることを最優先にすることにしました。

　間に合わなくても良いから納得いくまで綺麗に作りたいという考え方もできるのですが、僕はどんなに出来が良くても、締め切り（仕事なら納期）に間に合わないようでは「所詮その程度」と思うようにしているので、作業を進めることを選びました。なーんて聞こえが良いことを言っていますが、締め切りが迫ってきて焦っているようでは、まだまだです（笑）。

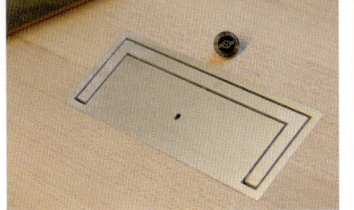

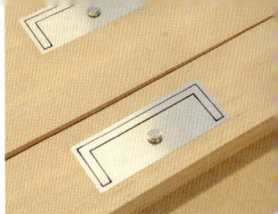

引き出しの取っ手の加工を始めました。この写真は二つある引き出しの、下段の物。加工部に見えている溝は引き出し底板がはまる部分です。下段の引き出しには鍵がかかるようになっている（脚部側から留め具がささる）ので、受け側の金具を取り付けます。ちょっと隙間が見えたりと完璧ではない出来でしたが、とりあえず良しとしました。この頃には夕食も学校で食べ、妻からは徹夜OKの許可も出るまでになっていました。しかし、僕は無理して集中力が切れる方が絶対に良くない（機械作業中の怪我などにつながる）と思い、終電近くの電車で帰宅するようにしていました。家族は寝静まっていますが、やっぱり自宅が一番ですよね。

　引き出しの枠をまず接着、そして底板を接着。ここでは歪みが出ないようにすることが大事ですが、僕が選択した引き出しの構造は少しくらいの変形ならば十分に許容できるので、気が楽でした。繰り返しますが、時間がないのであまり考えている暇がありませんでした（笑）。引き出しの調整が終わった後、背板を接着します。少々、やり過ぎに見えますが、これなら全体に圧が加わっているでしょう。大きい物を作ると、こういう時は本当に大変です。

183

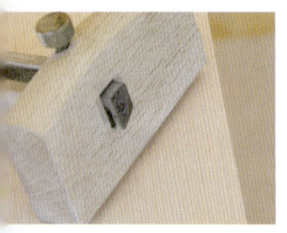

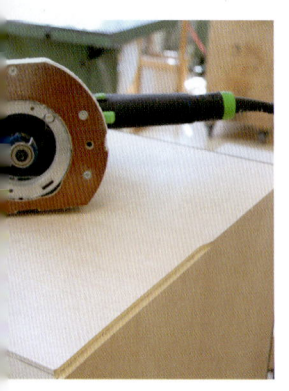

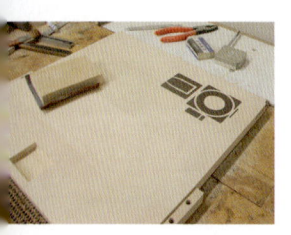

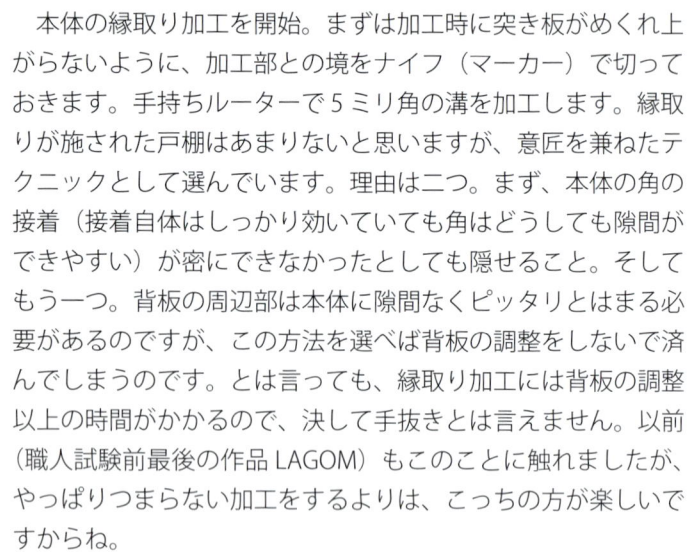

本体の縁取り加工を開始。まずは加工時に突き板がめくれ上がらないように、加工部との境をナイフ（マーカー）で切っておきます。手持ちルーターで5ミリ角の溝を加工します。縁取りが施された戸棚はあまりないと思いますが、意匠を兼ねたテクニックとして選んでいます。理由は二つ。まず、本体の角の接着（接着自体はしっかり効いていても角はどうしても隙間ができやすい）が密にできなかったとしても隠せること。そしてもう一つ。背板の周辺部は本体に隙間なくピッタリとはまる必要があるのですが、この方法を選べば背板の調整をしないで済んでしまうのです。とは言っても、縁取り加工には背板の調整以上の時間がかかるので、決して手抜きとは言えません。以前（職人試験前最後の作品 LAGOM）もこのことに触れましたが、やっぱりつまらない加工をするよりは、こっちの方が楽しいですからね。

扉もササッと仕上げ、取り付けます。左下の写真のように仮固定（頭が小さい仮のネジを使っている）し、扉の上下左右の隙間を調整します。扉や引き出し周辺の間隔が一定になるようにできているかも評価対象になっています。その後は他の金具と同じくネジで固定し、ヤスリで削ります。

そして、締め切り前日。この日は学校に泊まり込んで最後の調整を行ないました。この写真を撮ったのは夜中の1時半。審査時に一番良い状態になるように各部の調整をしている頃ですね。塗装面の仕上げや、検査当日に合わせた引き出しの調整などを行ないます。春の陽気になり始め、湿気が上昇しつつあるため、木が膨らんで引き出しの動きが重くなる可能性があるからです。冗談じゃなく、雨が降らないことを願うのみです。この時点で僕は合格点を取ることが最大の目標になっていたので、あまり細部にはこだわりませんでした。不満な点はたくさんありますが、不合格にはなるはずはないと前向きに考えていました。

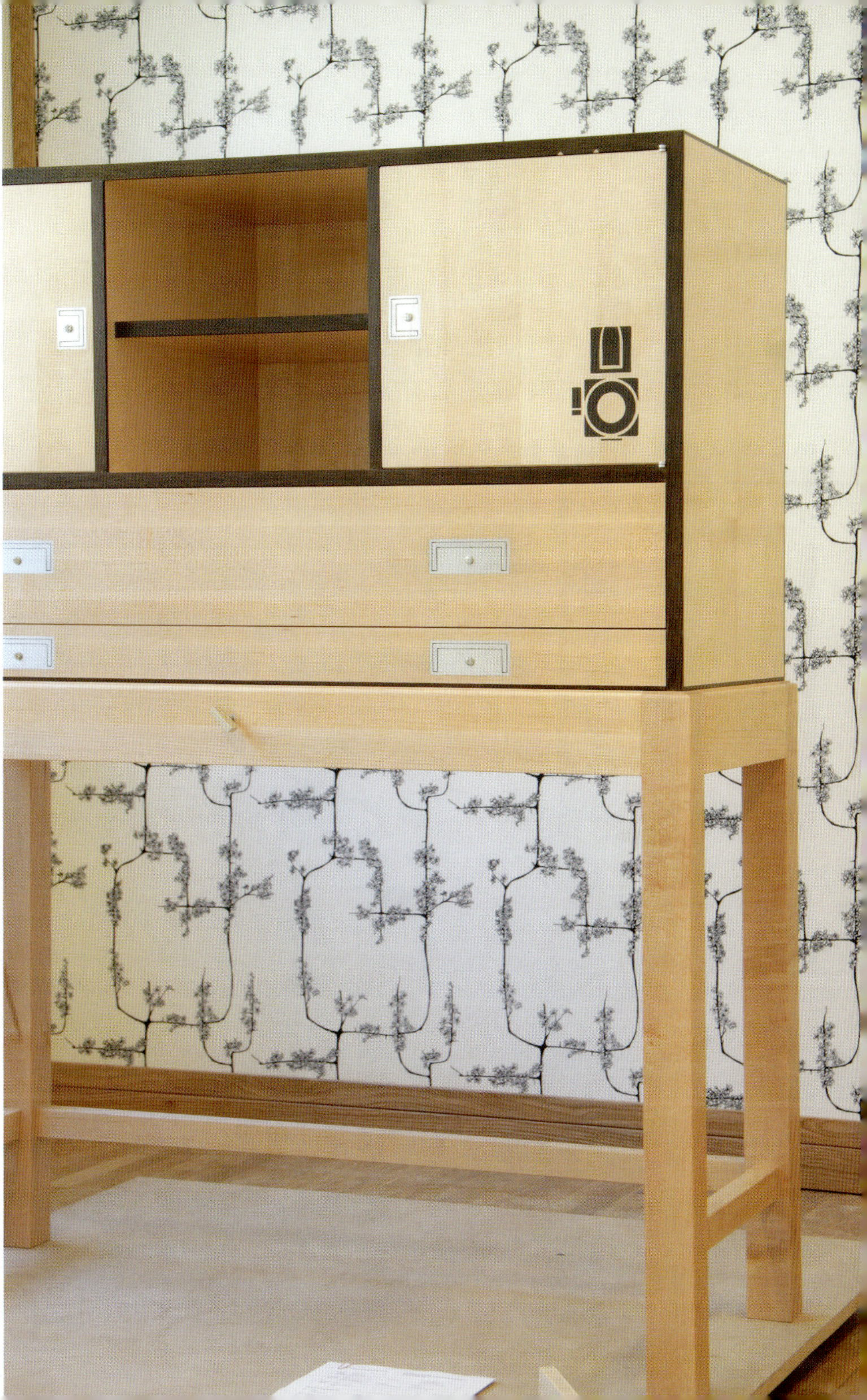

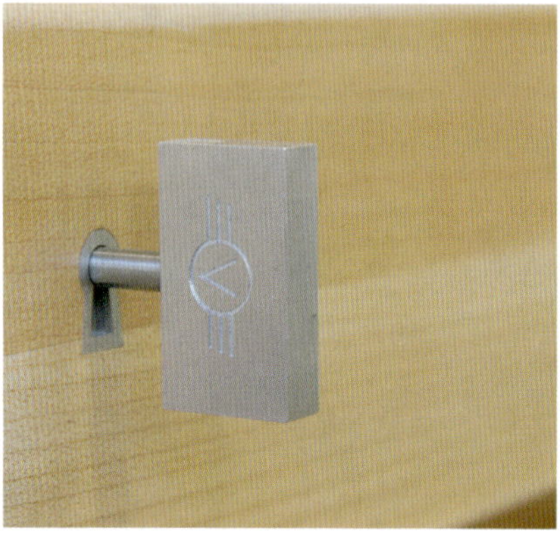
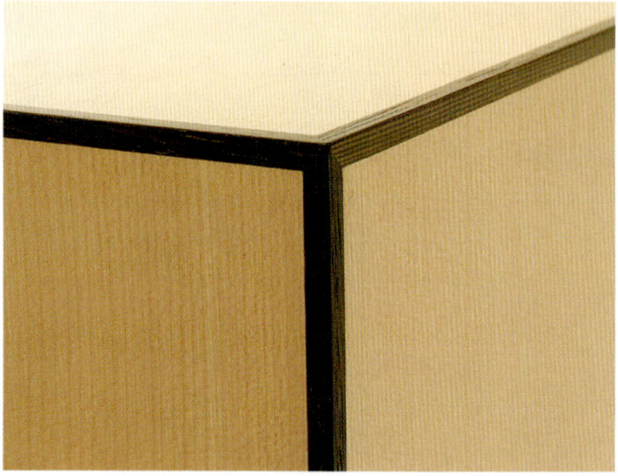
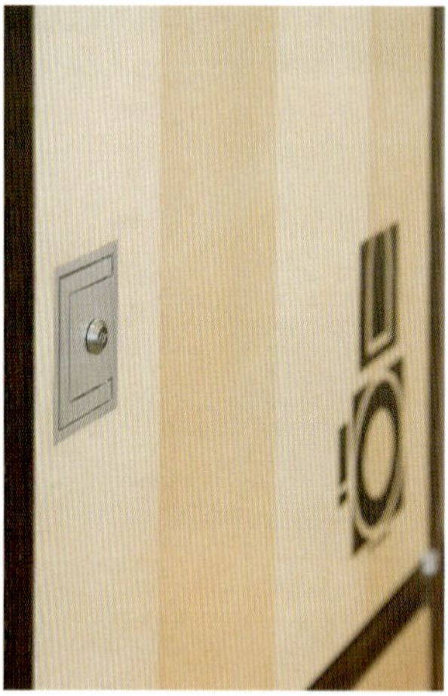
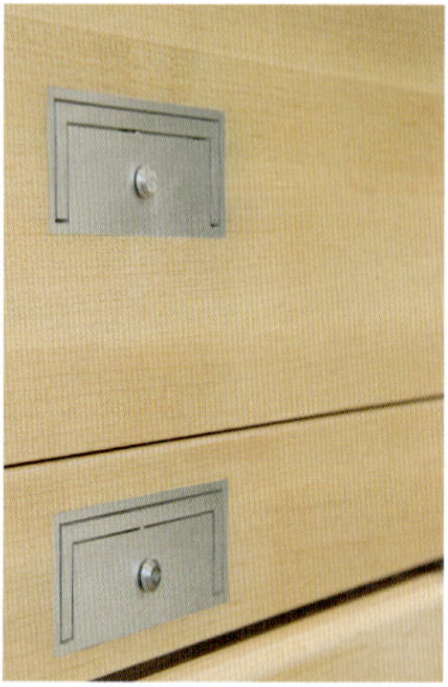
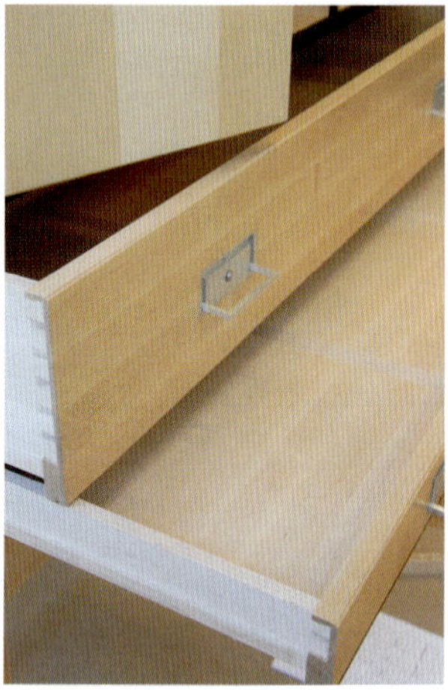
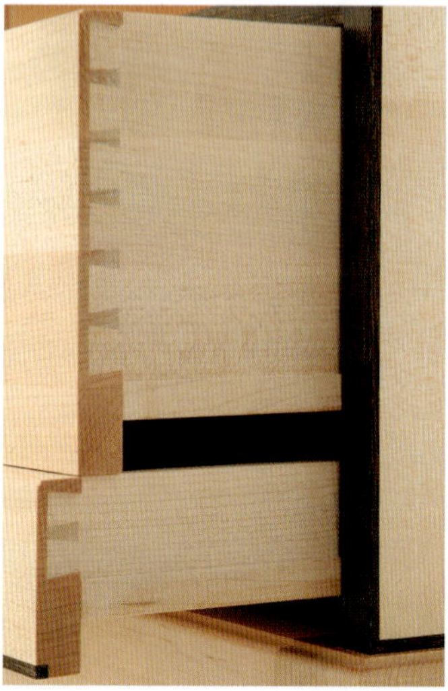
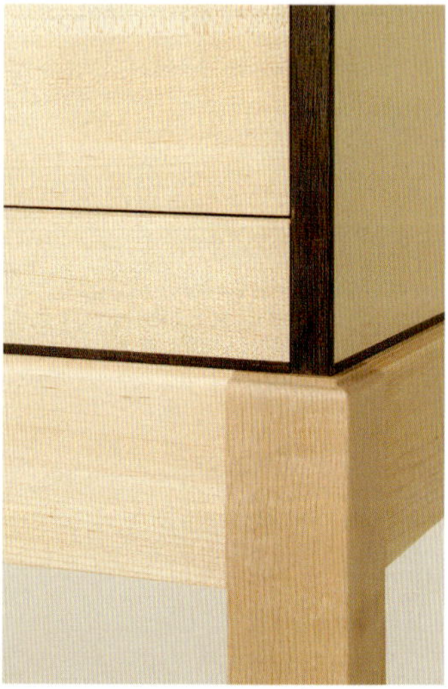

そして審査日の朝。審査時に必要な書類等を揃えて待機します。今回、審査を受ける者は4人。同級生は5人なのですが、残念ながら一人は途中で脱落してしまいました。しっかりと安定した台座を用意し戸棚を設置。もし足元が不安定な場所だと、戸棚が歪む可能性があるからです。本体の縁取りの角は三方から合わさるように加工して接着しています。意外とここは難しかったですね。ハッセルブラッドで撮られた写真にのみ見られる、二つの切り込みを表す意匠も入っています。
　審査官によって評価が書き込まれる採点表が並び、僕たち受験者は退室します。審査官のみでの審査が行なわれ、項目ごとに最高5点の0.1点刻みで評価されます。すべての平均点が3点を上回れば合格です。結果発表は即日です。この日は天気も良く、4人でちょっと早いランチを食べに近所の公園へでかけました。最高に気持ちの良い昼寝日和でした（笑）。

　休養を取った数日後、カメラのレンズなどを収納するために引き出し内部の仕切りを作りました。これは製作図面には記述していなかったので、審査に間に合わす必要がなく後回しにしていたのでした（ホッ）。実際にカメラを置いて撮影をしました。下段に置かれているカメラは、ハッセルブラッド社が1948年に発表した最初のモデル。上段は90年代の新しいモデルですが、基本的なデザインはほとんど変わっていません。僕の大好きなカメラです。鏡のように姿が映り込んでいますね。引き出し内部にもレンズを並べてみました。もうちょっと仕切りの構造には熟慮が必要そうですが、この段階までこぎ着けて満足です。下段の引き出しにはプリントした写真などを収納します。

　戸棚の名前はもちろん「HASSELBLAD」です。ところで結果はどうだったのかって？
　無事に合格しました。評点は期待していなかったのですが、なんと5点満点中4.8点と予想以上に良い評価をもらえました。

職人試験をパスすることはストックホルムでの3年間の大きな目標だったので、大満足です。やっとカペラゴーデンでの大失敗を乗り越えられた気がします。

資格授与式

　ついにスウェーデン留学の大きな目的であった、職人資格を正式に取得する日がやって来ました！　会場はストックホルム市庁舎。ノーベル賞でも有名な場所ですね。晴れの舞台ということもあり、妻と子供たちだけではなく、僕の両親も日本から来訪しました。

　この式典はストックホルム県内のさまざまな職種の職人たちが参列します。僕のような家具職以外にも、理容師、革工芸、時計師、宝飾品職人、あつらえ服の仕立て職、楽器製作などいろいろです。会場（ブルーホール）の後方にはその年の試験作品が並べられましたが、僕の戸棚は日本での個展に向けて発送することになっていたので、展示は見送りました。そして新たに職人になる者たちの集合場所は、ノーベル賞授賞式ではダンスホール（以前は晩餐会の会場でした）となる黄金の間。居場所に困るほどの空間でした（笑）。

　実はこの日のストックホルムは初雪。しかも、いきなりの大雪となり、市内の交通網は大混乱に陥りました。僕たちは早めに着いて街を歩いていたので事無きを得ましたが、式典で演奏する楽団メンバーまで遅刻してしまう事態となり、結局式典も遅れて始まりました。

　職人たちが2階から順に降りてきて席に並ぶところから式典が始まります。挨拶や楽団による演奏後に、職種ごとに一人ずつ名前を呼ばれ、資格証を受け取ります。春に試験に合格して

いたとはいえ、資格証を正式に受け取ることができ、やっと安心できました。これまで応援してくださった皆様方にもお礼を申し上げたいと思います。もちろん家族や両親にも！

　授与式も無事に終わり、両親と共に豪華な夕食！と、言いたいところですが、この後には大変な事態が待ち受けていたのです。写真を撮れる状況ではありませんでした。21時過ぎに市庁舎を出たらなんと、道路は大渋滞。冬用のタイヤに交換していなかった車が、そこら中でタイヤを空転させていて道路は完全に麻痺。雪が降ってから、タイヤ交換を始める方は結構いると思うのですが、初雪がいきなりの大雪（珍しい）となったために、交通網は大混乱に陥っていました。北欧は雪国だからちゃんと対策をしていそうなイメージがありますが、全然そんなことはありませんでした。走れなくなった車が見事に道路を塞いでいるんです。歩道も凍り付いているので極めて歩きづらい状態です。さらに猛烈な降雪と強風。

　これは急いで帰宅（ストックホルムから電車で15分ほどの場所に住んでいました）した方がよいと思い、ストックホルム中央駅へ行くと、既に駅舎内は大混雑。長距離線が軒並み運休していたのです。もちろん僕たちが乗りたい近郊路線も復旧の目処なし。一時間の遅れという表示は出ていますが、すでに大混雑（東京の朝のラッシュ時並み）している上に、一時間後に乗れる保証はまったくなく、ましてやベビーカーが乗れるスペースを確保できるとも思えません。さらに途中でまた止まってしまうようだったら洒落になりません。

　そこで今度は少し遠回りになるけれど、地下鉄に乗っていくことにしました。そうしたら唖然。なんと脱線の表示が出ているのです。遅延どころか乗りたい路線そのものが閉鎖という状況です。外に出てみても、バスは運休。道路が麻痺しているので、タクシーは来やしない（タクシー乗り場は長蛇の列）。しかも、タクシーに乗れても、大渋滞の様子から見ると帰れる保証もありません。僕の両親だけではなく、子供たちがいるので、駅構内で寝るなんてことも極力避けたいし、そんなスペースもないくらい混雑しているんです。もちろん外は極寒。

　ホテルに泊まろうと即決（←いや、遅い）し、手近な所から当たってみたのですが考えることは皆一緒で軒並み満室。これ

は大変だと思い、高級ホテルに狙いを変更。駅前のラディソンSASへ行ってみると、玄関を入った所にいきなり「FULL BOOKING（満室）」の札が立っているじゃないですか……。途方にくれつつ、諦めるわけにもいかないので、ホテル探しを継続し、ついに5件目。シェラトンホテルで「喫煙室（しかも朝食別料金）でもよければ空いている」という神のお言葉が！値段に構わず、即答で二部屋を押さえました。後から、僕たちと同じようなホテル難民が続々と押し寄せていたので、本当に間一髪でした。

次はグランドホテル（文句なしにスウェーデン最高の超高級ホテル）に行くつもりだったので、ちょっと残念。なーんてことは、部屋を見つけられたいまだからこそ言えることですが、冗談じゃなく両親と家族を連れて野宿する羽目に陥るかと思いました。資格授与式の晩にですよ！　職人は旅をしながら修行をする（簡単にいうと、各地の工房を巡る武者修行。英語で職人資格のことをJourneyman's Letterというのもここから）と言いますが、いきなりホテル探しの旅をすることになるとは、想像だにしませんでした。翌朝の新聞には「ストックホルムで、かつてない大混乱」と載っていました。授与式よりも大雪による騒動の方が強く印象に残る、忘れられない一日となりました。

受け取った証明書以外に、縮小されたコピーや職業訓練修了証が同封されていました。多国語で記述されているので、ヨーロッパ中で通用します。小さな物は財布にも入るカードサイズになっています。また、職人試験で好成績（100点満点で90点以上）だった者のみに贈られる銀のメダルももらうことができました。ちょっと貴重です。

職人資格を得ることができたとはいえ、正直に言いますと、まだまだわからないことだらけというのが本音です。これまでにも書いてきていますが、職人資格とは「一定レベルの知識と技術を身につけていることを証明するもの」であり、名人、達人、素晴らしい技術を持っている証明では間違ってもありません。これからも学ぶことばかりですが、少しずつでも前進していこうと思います。

　でも、やっぱり嬉しいです！

おわりに

　僕のスウェーデンでの日々を紹介してきましたがいかがでしたか。物づくりとして家具製作を学ぶだけでなく、家族が増えるという素晴らしい経験、そして僕の考え方に大きな影響を与えた出来事などの実り多き時間を垣間見ていただけたかと思います。

　でも、編集の段階でカットにした部分もあれば、家具留学とはちょっと方向性が違うので含めなかった話など、本当はもっとお話ししたいことがたくさんあるんです。皆さんがこの本を読まれる頃になってから、「あれも書いておけばよかった……」なんてことを思っているかもしれません。いや、おそらくそうでしょう。その辺は僕のウェブサイト（www.ikuru.net）をご覧頂くことで補足できればと思います。（←さりげなく宣伝。）

　スウェーデンに来る前は、良い時間を過ごせたらいいなあくらいには考えていましたが、まさか7、8年後にもまだスウェーデンに滞在していて、さらにはここでの経験をまとめた本を書く機会を得ているとは夢にも思っていませんでした。

　ヨーロッパと日本の間には、社会、価値観、習慣など文化の違いが多くあります。しかし、グローバル化が進んでいる現代においては、何かを学びたい者にとっては、新たなことに挑戦し、経験できるだけの良い条件が整っていると言っても過言ではありません。当然ながら日本にいれば体験しないで済む面倒なことや、辛いこと、悔しい思いをすることもありえます。しかし、そこにこそ海外で勉強し経験するという意味、価値があるのではないでしょうか。

　最後になりましたが、この様な機会を与えて下さり、遅々として進まない執筆作業にも忍耐強くお待ちいただいた早川書房の小都一郎様に御礼申し上げます。私の勝手な要望をいくつも聞き入れて下さり感謝しております。そして、いつも応援してくれた友人知人の皆様、僕の留学生活の要所でいつもアドバイスをくれた両親、そして日々の生活に楽しみをもたらしてくれた妻と小さな子供たちにもお礼を伝えたいと思います。

　そして、この本を手にとってくださった皆様。少しだけでもお役に立てる内容があれば幸いです。

2008年5月
須藤生

スウェーデンで家具職人になる！

2008年5月20日　初版印刷
2008年5月25日　初版発行

　　　　＊
著者　須　藤　　生
発行者　早　川　　浩
　　　　＊
印刷所　三松堂印刷株式会社
製本所　三松堂印刷株式会社
　　　　＊
発行所　株式会社　早川書房
　　東京都千代田区神田多町2-2
　　電話　03-3252-3111（大代表）
　　振替　00160-3-47799
　　http://www.hayakawa-online.co.jp
定価はカバーに表示してあります
ISBN978-4-15-208925-0　C0095
Printed and bound in Japan
©2008 Ikuru Suto
乱丁・落丁本は小社制作部宛お送り下さい。
送料小社負担にてお取りかえいたします。